ドローンの衝撃

河 鐘基
Ha Jonggi

目次

もくじ

第四章　ドローンの犯罪利用の可能性……135

はじめに

ドローンという言葉をよく耳にするようになった。

その名が広く一般に認知されるようになったのは、おそらく2015年4月頃ではなかっただろうか。

4月22日、首相官邸に一機のドローンが墜落しているのが見つかった。複数のプロペラを持ち、独特な機械音とともに空を駆け回る小型無人飛行機は、危険や犯罪を連想させる怪しげな飛行物として、まず広く日本社会の注目を浴びた。

ただドローンの名はすでに数年前から、ガジェット好きやラジコン愛好家など一部の人々の間ですでに広く知れ渡っていた。スタイリッシュでSF世界を連想させるような独特なフォルム、旧来のラジコンにはなかったような新機能の数々。そんな、〝次世代感〟匂いたつ様相が、人々の心を惹きつけていたのだ。

現在、社会の相反する評価がある中で、世界の名だたる大企業たちがドローンに新たな可能性を見出し、次々と投資を加速させている。ビジネス分野においては、様々な用途で使えるであろう最新テクノロジーとして、熱狂と称賛を一身に浴びているのだ。

不安と犯罪を巻き起こす不吉な予兆として語られる一方、技術革新の新たな一幕として期待を背負うドローン。相反する評価と、賛否両論の渦。車、インターネットなど、過去に人間の生活を一変させた技術が登場した際に通過してきた道を、ドローンはいま進みはじめている。

はたして、ドローンとは一体何なのか。

ドローンが社会に与える衝撃の正体とは。

今回、本書を執筆する以前、ドローンのことを知りたいと考え、関連資料を漁ってみたことがある。ただ、ドローンに関する情報はほとんどなかった。なかったと言ったら語弊がある。情報としては存在していたが、その全体像を知ることができる書籍がなかった。それはきっと、ドローンが時代の先を行っているため、包括的に説明することがまだできない証明なのではと感じた。

本書でドローンのことをすべて書ききれているとは到底思えない。ただ、ドローンについて少しでも知ってもらい、理解を含める足掛かりになれば書き手の冥利に尽きる。少し欲を言えば、ドローン文化が根付くのに寄与できればとも考えている。これは、同時にドローンに対する私のスタンスを告白するものでもある。

本書執筆するにあたり、国内外のドローン関係者の話を聞くことにした。その詳細については後述するが、皆が一様に話していた印象深い論点をまずここに記しておきたい。

「ドローンはロボットと人間の共生の第一幕を開く」

「ドローンの未来に必要なのは世論の同意」

本書を手に取ってくれた方々が本を閉じる際に、このふたつの論点について少しでも同意していただければ幸いだ。

本書ではまず、ドローンを取り巻いた社会の状況を整理するように努めた。賛否両論が巻き起こっているドローンという存在について、その論点を改めて整理してみようという趣旨だ。また、これから世界および日本のドローン産業が進むであろう方向を、読者のみなさんに正確に判断していただくために、できるだけ多くの情報ソースを集める作業に徹した。日本の資料はもちろん、海外の資料、また海外のドローン関係者、および直接研究に携わる人たちの声を通して、できるだけ詳細に〝ドローンの現在地〟を描き出すことに務めたと理解していただきたい。

未開拓で、これから始まろうとしている新たな分野だけに、当初、どれくらいの情報が集まるか不安だったが、取材を続ける過程でドローン、もしくはドローン産業に対する新たな発見、論点を見つけることができたと自負している。特に国際的視点から日本のドローン産業を読み解くという作業はあまり成されていないので、本書がきっかけとなり議論が深まれば嬉しく思う。

なお、本書はドローンの技術を専門的に解説する、いわゆる技術専門書の類ではない。おそらく、ドローンが普及するにつれ、高名な研究者や企業、団体が発行する解説書が増えて行くだろうから、正確なドローン技術の現状については、そちらを参考にしていただいほうがよいだろう。

本書ではまず、第一章でドローンとはそもそも何なのか。現在、どのように使われているのか。今後、利用にあたりどのような可能性があるのかを概略的に見ていきたい。こちらには、すでに使われているもの、計画中のものなどを含む。各国ともに、ドローンに対する理解が少しずつ異なるが、細かい相違などはなるべく気にせず、その実態を大枠で知ることができるように整理した。

第二章では、国際市場におけるドローンについて取り扱う。欧米、アジアの国々は現在、ドローンについて何を考え、何を期待し、実際にどう動きだそうとしているのか。世界のドローン先駆者たちの声や資料をもとに、その実態に迫ろうと考えている。

第三章では、日本のドローンを産業の現状について整理した。また、ドローンを実際に現場で利用しようしている企業の研究担当者に直接取材を試みた。加えて、政府や地方自治体のドローンに関わる動きについても言及する。

第四章では、ドローンと犯罪について取り上げる。ドローンが普及するためには、決して逃れられないテーマである。ドローンの危険性は実際のところどれくらいなのか。また、これから先にその危険性が増えることはないのか。すでに世界で起こっている犯罪などを取り上げながら、未来に起こりうるであろう犯罪をシュミレーションする。終章となる第五章では、日本の国産ドローン開発第一人者である野波健蔵教授へのインタビューを通じて、日本のドローン産業の未来、またドローンそのものの未来を描いてみる。

これから先、ドローンはどこに飛んで行くのか。まずは、その歴史を振り返り、離陸地点から明らかにしていきたい。

第一章　日本でも幕開けした「ドローン元年」

生産技術の向上で工業化と大量生産が可能となり、経済だけではなく社会構造さえも変えてしまった産業革命から2世紀あまり。人類は今再び、新たな産業革命の時代を迎えるようとしている。

その改革をリードするのは、ドローンだ。複数のプロペラを持ち、機種によっては自律飛行も可能なこの小型無人航空機が今、世界中の人々の関心を集め、「空の産業革命」を起こそうとしている。

今や世界中の人々が利用するグーグル内で、関心の高いキーワードを知ることができるグーグルトレンドによると、「ドローン」「drone」といった語句の検索件数は、2015年以降、右肩上がりで急上昇中だ。

また、2015年1月に米・ラスベガスで行われた世界最大の家電見本市「コンシューマー・エレクトロニクス・ショー（Consumer Electronics Show＝以後CESと表記）2015」には、世界16社が最新型ドローンを出展。1967年に始まったCESでは、過去にもビデオテープレコーダー（1970年）、CDプレーヤー（1981年）、DVDプレーヤー（1996年）、ハードディスクレコーダー（1999年）といった最新テクノロジーを駆使した家電製品がお披露目されてきた。今回はその場所で、モバイルやウェアラブルと並ぶ「成長カテゴリー」として、ドローンが取り上げられた。

日本でも2015年5月20日から国内初の「国際ドローン展」が開催された。経済産業省や総務省、国土交通省が後援し、千葉県の幕張メッセで開幕された同イベントには、日本、中国、アメリカなどの約50社が参加。ドローンの最新技術や活用例などが紹介され、3日間で約1万人の来場者が訪れた。その活況を目の当たりにして、「2015年はドローン元年だ」と語るメディアや関係者も少なくない。ドローンは今、空飛ぶ最新技術として世界中から注目を集め始めている。

しかしその一方で、日本ではドローンにどこかマイナスなイメージもつきまとう。

それを決定づけたのは、2015年4月22日に首相官邸の屋上でドローンが見つかった事件だろう。装着容器内の砂から微量の放射線が検出されたことから国中が騒然となったあの出来事は、ドローンの名を一躍世間に知らしめ、以降、日本各地でドローンにまつわるさまざまな事故やトラブルが相次ぐようになった。同事故以後に、メディアに取り上げられた事件を、一部紹介する。

「MXテレビのドローン、英大使館に資料撮影中、強風で落下」（西日本新聞　4月24日）

「ドローンで川内原発を空撮　映像作家が動画投稿」（産経新聞　4月24日）

「2015ひろしまフラワーフェスティバル実行委が会場周辺でのドローン使用自粛を呼びかけ」（中国新聞　5月1日）
「善光寺：ドローン落下……御開帳法要の行列に長野」（毎日新聞　5月9日）
「ドローン飛行予告、15歳少年逮捕　三社祭妨害の疑い」（日本経済新聞　6月1日）
空の産業革命をリードする最先端テクノロジーとして脚光を浴びる一方で、空の秩序を乱す新たなモンスターとして何かと議論の的になるドローン。果たして、その正体とは――!?

軍事技術として発達してきたドローンの歴史

そもそも日本では無人小型航空機を総称してドローンと呼ぶことが定着しつつあるが、世界ではさまざまな呼び名がある。

無人航空機を意味する「Unmanned Aerial Vehicle」を略して「UAV」と呼ばれることもあるし、「Unmanned Aircraft System」を略して「UAS」、また「Remote Piloted Aircraft System」を略して「RPAS」とも呼ばれる。メーカーによっては「マルチコプター」「クワッドコプター」とも。実にその呼称はさまざまだが、最近では国際的にドローンと総称するのが一般的になりつつある。

では、なぜ、無人航空機のことをドローンと呼ぶのか。

その英語表記である「drone」を辞書で調べてみると、「雄蜂」とも記載されているし、「ブーンと唸るような低い音」とも記されている。「一定の音を持続させる」という意味から、音楽用語として説明する百科事典もあった。

確かに自在に空を飛ぶ姿は「雄蜂」のようであるし、複数のプロペラが奏でる音は羽音のようでリズムも一定に聞こえる。ただ、無人飛行物体を意味するドローンという言葉は、軍事用語から派生している可能性が高い。

では、無人飛行物体のことをドローンと呼ぶようになった背景は何か。なかには、こんな一説がある。

ときは1935年。米海軍の提督だったウィリアム・スタンリーが英海軍の軍事訓練を視察したときのことだ。このとき英海軍は、同国の軍事産業メーカーであるデ・ハビラント社が開発した無線操縦標的機「DH.82B Queen Bee（女王蜂）」を飛ばして射撃訓練をした。

その射撃訓練に刺激を受けたスタンリー提督は「DH.82B Queen Bee」のような標的機の開発を部下に指示し、米海軍は完成した標的機に「DH.82B　Queen Bee」への敬意を込めて「drone（雄蜂）」と名付けた。以降、米軍は標的や無人航空機をドローンと呼ぶようになり、それがそのまま世界の軍事シーンにおいても定着していったと言われている。爆撃練習などで用いられる標的機などは「ターゲッド・ドローン」とも呼ばれた。

そんな無人標的機はやがて、無線機の小型化や電子誘導装置の発達に伴い、偵察機としても活用されるようになり、冷戦時代になると各国でその研究開発が急速に進むことになる。

１９６０年代に米海軍が開発した対潜水艦用の無人ヘリコプター「ＤＡＳＨ」。１９７０年代にイスラエル空軍が開発配置した「ＩＭＩマスティフ」。１９８０年代に米の国防高等研究計画局が開発した無人航空機「プレデター」などがそれにあたる。

プロペラ稼働のヘリコプター・タイプから、固定翼でミサイルなどを搭載した飛行機タイプのものまでさまざまな無人航空機が開発され、それらは冷戦時代に偵察機として使用された。通信技術やコンピューター技術の発達が進んだ20世紀後半になると、ドローンは単なる偵察機としての役目だけにとどまらず、攻撃機としてさまざまな戦場で実戦投入されるようになる。

ドローンは操縦士が搭乗しなくとも敵軍を把握でき、爆撃も可能。衛星を経由した遠隔操作のため、撃墜されたとしても自軍の兵士に犠牲者が出ない。ドローンは操る側にとっては危険も死の恐怖もなく、それでいて敵にダメージを与えられることもあり、多くの国々がドローンを実戦活用するようになった。

誤爆で多くの犠牲者を生んだ〝キラー・ドローン〟

とりわけ開発をリードしてきたアメリカは、21世紀になるとドローンを積極的に実戦投入している。

例えば2001年のアフガニスタン戦争だ。9・11同時多発テロ以降、米政府はアフガニスタンの山岳地帯やパキスタンの国境付近に潜んでいたタリバンやアルカイダを討伐するために、ドローンを大量投入している。アルカイダの司令官であるオサマ・ビン・ラディンの追跡捜査でもドローンは活用された。米は、ドローンを使ってタリバンおよびアルカイダの幹部58人を検挙したとしている。

2003年に勃発したイラク戦争では、ドローンによる大規模な空爆も行っている。2004年以降、米軍はドローンにミサイルなどを搭載して攻撃機としても利用。過激派テロ組織の首謀者や幹部たちを追跡・暗殺する〝キラー・ドローン（殺人無人機）〟が紛争地に次々と飛んでいくようになった。

ただ、問題も多かった。コンピューター制御で遠隔操作が可能になったドローンとはいえ、完全無欠ではなかった。誤爆が多く、そのミスのせいで多くの一般市民が犠牲になった。

米・CIAが2004年から2014年までの10年間、パキスタンにドローン400台を投入して2000人以上の命を奪ったという報道がある。また、米の非営利ニュース提供機関である調査報道局（Bureau of Investigative Journalism）によると、「米のドローン攻撃で2000〜3000人の死亡者が出た」という調査結果が出ている。実際は、それ以上の被害者が出ているのではとする調査結果も少なくない。

例えば、国連人権理事会からの依頼を受けた専門家チームの調査によると、2004年以降、パキスタン、アフガニスタン、イエメンの3カ国で少なくとも民間人479人がドローン攻撃の巻き添えになって死亡しているという。特にパキスタンでのドローンによる死者は２２００人に上り、そのうち民間人が４００人弱、さらに２００人強が非戦闘員の可能性があるとされた。

一方、米のシンクタンクである「ニューアメリカン・ファンデーション」の調査では、２００４年6月〜２０１２年10月の間で米によるパキスタンへのドローン・ミサイル攻撃は３３４件に上り、その死者は１８８６〜３１９１人という結果が出ている。また、調査報道を手がける英のＮＰＯ「ビューロー・オブ・インベスティゲイティブ・ジャーナリズム」の調べでは、同じ期間にあった米によるパキスタンへのドローン攻撃は３４６件で、死者は２５７０〜３３３７人。２機関とも民間人の犠牲者数は発表していないが、「ビューロー・オブ・インベスティゲイティブ・ジャーナリズム」の調べでは、一般市民の巻き添え死は18〜26％に至るとしている。「ニューアメリカン・ファンデーション」調べでは平均こそ15％だが、２００４〜２００７年の間に限れば50％以上が巻き添え死という調査結果も出ているのだ。

また、「ビューロー・オブ・インベスティゲイティブ・ジャーナリズム」の調査によると、イエメンでも２００２年〜２０１２年9月にかけて40〜50件の攻撃が行われ、死者は３５７〜１０２６人。ソマリアでは３〜９件の攻撃で、58〜１７０人の死者が出たと見られており、巻き添え死はイエメンで16％前後、ソマリアで7～33・5％というデータがある。アメリカは少なくとも2002年以来、イエメンでドローン攻撃を実施しており、攻撃回数は推計90～198回に上るという説もある。

テロリストの追跡・攻撃・確保に役立つが、その一方で誤爆により罪なき一般人も死に追いやってしまう殺人兵器。ドローンには〝無慈悲な暗殺者〟のイメージがつきまとっていた。

軍事技術のスピンオフによって産業に転用

ただ、そうした負のイメージがあった一方で、超高性能チップによる飛行支援システムや衛星通信を使った遠隔自動操縦などのドローン最先端技術を、産業面や民間サービスで生かそうという動きもあった。電子レンジ、コンピューター、GPSなども元は軍事研究から生まれたものだが、ドローンもその技術をスピンオフ（民生転用）され始めたのだ。

ITジャーナリストの小池良次氏も、ビジネス情報サイト「WISDOM」に連載するコラムの中でこう記している。

「高度なドローン技術を民間サービスに利用しようという議論は以前からあった。しかし、軍事ドローンは固定翼型が主流で、離着陸に広いスペースが必要なこともあり、民間への転用は難しかった。そんな中で２００７年頃から登場したクワドロコプターは、この状況を大きく変えた。４つのローターを持つ小型ヘリコプターは垂直離着陸を可能にし、一般家庭の玄関先でも発着できる。また、空中でも停止できる高い操作性も注目を浴びた」（WISDOM ２０１５年3月20日「アマゾン、グーグルが狙うドローン・ビジネスと米国政府の対応」）

クワッドコプターとは、その名の通り４つのローター（回転翼）を回転させて飛ぶラジコン・ヘリコプターのことで、ホビー市場ではかなり前から開発が進んでいた製品だ。平たく言えば、無線操縦ヘリコプターの最新型でもある。

昨今の無線操縦ヘリコプターは自動安定装置の開発やＧＰＳの搭載で遠隔操作も可能となり、空撮、農薬散布、救助活動などの産業面で活用されていたが、通常のヘリコプターと同じシングルローター型のため操縦が難しく、素人が扱うのは難しかった。

だが、クワッドコプターのように複数のローターを持つマルチコプターの場合、ローターを同時にバランスよく回転させることで、前後左右３６０度はもちろん、上昇・下降といった飛行が可能となり、高い安定性が確保されているので操縦もさほど難しくなかった。

このクワッドコプターの機能性に、最先端のドローン技術が投入され、産業用ドローンの開発が急速に進んでいく。そしてITの世界でもドローンを進化させるイノベーションが起こる。スマートフォンの登場である。そして、2010年にはそれらの最新テクノロジーを集結させたとある商品の登場で、それまで軍事業界や産業業界でしか通じなかったドローンという言葉が、一般にも広く知れ渡ることになる。

その名は「Parrot AR.Drone」。フランスのIT企業で、主に自動車向けハンズフリーキットの開発に長け、ワイヤレス・マルチメディア製品の可能性を追求してきたParrot社が、2010年の「コンシューマー・エレクトロニクス・ショー（CES）」で発表したそれは、まさに画期的だった。当時のCESの様子を取材したメディアやファンは、次のように報じている。

「会場ではParrotという会社が『AR.Drone』という飛行ロボットを飛ばしていた。4枚のプロペラでホバリングするように飛ぶ。Wi-Fi機能を搭載しており、iPhone/iPod touch

によるリモートコントロールが可能。内蔵カメラが目のような役割を担い、AR.Droneという名称が示すように、たとえば仮想のエイリアンと対決するなどARゲームを楽しめる」（マイナビニュース　2010年1月7日「CES2010－タブレット、AR技術など、前夜祭イベントUnveiledに今年の注目が集結」）

「Parrot SAが、iPhoneからコントロールするラジコンヘリコプター『AR.Drone』のデモを行っていました。これは、iPhone・iPod touchの加速度センサーを利用してリモコン操作しつつ、ヘリコプターに搭載されている小型カメラから送信されてきた映像にオーバーレイ表示された敵を攻撃してゆく、現実世界を利用して行うゲームソリューションです。操作は、専用のiPhoneアプリを使い、Wi-Fi経由によってコントロールされ、単純な簡易空撮とするのでは無く、ヘリコプターから送られてくる映像でゲームを行うというのは斬新です」（MACお宝鑑定団　Blog（羅針盤）2010年1月9日「CES：Parrot SA、iPhoneからコントロールするラジコンヘリARゲーム「AR.Drone」を参考出品」）

当時の日本メディアは、あくまでもゲームを楽しむためのテクノロジーとして着目していた感もあるが、世界はそう見てはいなかった。世界的通信社であるＡＦＰ通信は、「iPhoneで操縦する小型ヘリが登場」と題した記事の中でこう報じている。

「AR.Droneは、無線ＬＡＮ経由で米アップル社の携帯電話端末（アイフォーン）や携帯音楽プレーヤー（iPodタッチ）で操縦ができる、４つのプロペラを持つ小型ヘリコプターだ。操縦者は、iPhoneやiPodの加速度センサーを使って操縦する。重さわずか３００グラムほどのAR.Droneには、ビデオカメラが搭載されており『コックピット』からの景色をiPhoneやiPod上でストリーム再生できる」（２０１０年1月7日）

iPhoneアプリを使えば簡単に飛ばせて操作でき、手軽に空撮などの動画撮影ができる。それまで軍事技術のイメージが強かったドローンが誰でも身近に活用できるものになった――そんなニュアンスを伝えるこの記事は、瞬く間に世界に配信され、「ドローン」という名は広く一般に知れ渡るようになり、次々と画期的なホビー用ドローンが発売されていく。

例えば中国のＤＪＩ社が開発・販売している「ファントム」シリーズだ。デジタルカメラを装備し、機体が縦横に回転してもカメラを安定させ常に平行を維持するジンバル機能も備えた同シリーズは、２０１２年の初代モデル発売以来、３モデルが発売され、その累計販売数は100万台にも達する。

前出したParrot社のドローンも人気だ。「AR.Drone」シリーズは世界で60万ユニット以上販売され、最近は「Rolling Spider」、「Jumping Sumo」といったコンパクトタイプのドローンを発売して話題になった。

フランスにはこのほかにもAIRNOV社やNOVADEM社、Malou-tech社といったドローン開発企業があり、米では3D ROBOTICS社、AIRDOG社、BLADE社、YUNEEC社、AIRWARE社、Nixie社、Cyphyworks社、SILENT FALCON社、XACT MAPS社など多数のドローン開発企業が鎬を削りあっている。そのほか、ドイツのMICRO DRONES社、HEXO社、カナダのACCUAS社、スウェーデンのCybAero社など、世界のドローン・メーカーを数えたら枚挙に暇がない。

CESを主催する米家電協会によれば、軍事用を除いた2015年の「ドローン・ビジネス」の米国内の市場規模は約1億1000万ドル（約132億円）に達する見込みとされており、ドローンが生み出す世界市場は2023年までに10兆円を超え、2025年までに米だけで8兆円を超えるという試算もある。

軍事面で進化してきたドローンは今や、民間産業として巨額の金が動くビジネスへと変貌を遂げようとしているのだ。

ドローンの構造と技術

では、ドローンはいかにして飛ぶのだろうか。

ドローンの特徴はまず、見た目にもわかるそのプロペラの多さにある。別名「クワッドコプター」「マルチコプター」と呼ばれるように、ドローンは機体のサイズにかかわらず、複数のプロペラによって構成されている。そして、このプロペラの多さが、前後進および左右旋回360度飛行はもちろん、上昇や下降も可能な安定飛行を実現させている。

例えばラジコン・ヘリコプターの場合、大きなメインローター（回転翼）が揚力と推力を作り出し、小さなテイルローターがメインローターの反回転トルクを打ち消すことで飛行するが、バランス確保やふたつのローターの回転数の調整など、その操縦の際にはかなり高度なテクニックが必要となる。

対してマルチコプタータイプのドローンは、前後左右でそれぞれ回転方向が異なっており、プロペラの回転速度もそれぞれ調整できる仕組みになっている。それら複数のプロペラの回転数をジャイロセンサーが制御しながらバランスよく回転させ、各プロペラの回転速度の増減によって、上下、前後、左右へと方向転換していくのだ。プロペラの回転方向はそれぞれ異なっており、この回転の違いが機体の逆回転を相殺してホバリング（空中静止）を可能にする。

4つのプロペラをつけたクワッドコプタータイプを例に、ドローンの飛行メカニズムを簡単に説明しよう。

クワッドコプタータイプの場合、時計回りと反時計回りに回転するプロペラが対角に配置されており、4つのプロペラの回転数を調整しながら前後・上下・左右に飛行する。

上昇する場合は、4つのプロペラの回転数を上げることで下方向への風量が増えて機体が垂直浮上する。下降する場合は4つのプロペラの回転数を下げればいい。ちなみにこの上昇・下降のアクションは「スロットル」と呼ばれ、前後進は「エレベーター」と呼ばれる。エレベーターは進行方向前側の2枚のプロペラの回転数を下げ、同時に後ろ側2枚のプロペラの回転数を上げることで機体が前方に傾き、傾いた方向に機体が進むという仕組みだ。

機体を左右に移動させる場合は、移動させたい側の2枚のプロペラの回転数を下げ、同時に逆側の2枚のプロペラの回転数を上げればそこからの風量が増えて機体が傾き、平行移動する。この左右移動のアクションを「エルロン」と呼び、左右に旋回することを「ラダー」と呼ぶ。

いずれも時計回りのプロペラと反時計回りのプロペラの回転数をそれぞれ増減させることで可能となるアクションであり、リモコン操作の場合は送信機のステックの入力角度によって各々のプロペラの回転速度をコントロールするという点では従来のラジコン・ヘリコプターと変わらない。

ただ、ドローンがスゴイのは、そうしたプロペラの回転速度の調節や、機体の飛行姿勢の安定化を図るため、最新鋭の超小型マイクロチップのコンピューターが搭載されており、機体がしっかり制御されていることだ。ジャイロセンサーや加速度センサーといった複数のセンサーによって機体の姿勢の変化が検知され、安定した飛行姿勢を自動的に保ってくれるのである。

しかも、最近のドローンは機体に小型デジタルカメラを設置・接続でき、その画像や映像を送信できるWi-Fiトランスミッターなども装備。専用アプリがインストールされたスマートフォンやタブレットをリモコン送信機にドッキングさせれば、カメラ映像や機体の現在地などの情報がWi-Fi電波を通じてリモコン送信機に送られ、機体カメラが映し出す映像をリアルタイムで確認しながら操縦できる。つまり、機体が目に届かないところに飛んでいても遠隔操作が可能になるのだ。

こうしたさまざまな機能によって初心者でも簡単にドローンを操縦できるようになっているのだが、昨今、ドローンが注目を集めるようになった最大の要因は、ＧＰＳとコンパスモジュール（方位磁石）の搭載によってオートパイロット（自律飛行）が可能になったことに尽きるだろう。

ＧＰＳ検知ユニットを通じてＧＰＳ衛星からの電波を受信して現在地を認識すると同時に、コンパスモジュールによって機体の正面がどの方角に向かっているかを判断。それらの情報によって機体の現在地を推定しながら、あらかじめ指定した飛行ルートに沿って自律飛行するのだ。

高性能なものになると超音波やレーザー、搭載したカメラの画像処理などで周囲の状況を検知し、人や障害物を避けて自律飛行するドローンもある。まさに空飛ぶ最新ＩＴ技術の集合体こそが、ドローンの正体なのである。

ドローンの公共活用

もっとも、ひと言にドローンといってもその種類、スペックと性能、金額などはさまざまだ。現在市販されているドローンのほとんどがバッテリー稼働で、1回の平均飛行時間は10～25分ほど。飛行速度は平均で時速20～40km／h。最高でも50km／h前後で、これらの数値を踏まえると、飛行距離は数km～数十kmとなる。価格は、最先端テクノロジーをフル装備した産業用ドローンの場合、1台150万～200万円以上するものもある。モーター軸間距離1430mm、全高830mm、最大30kgを積載可能でキャノンの最新カメラを搭載している大型ドローンになると、その額は500万円を超える。

逆に小型でシンプルなホビー向けドローンになると、スペックや搭載機能にもよるが十数万円程度で購入できる。最近は1万～2万円台のリーズナブルな製品も増えてきた。こうした低価格のホビー向け製品たちがドローンを一般に普及させる原動力にもなっている。

そんなドローンの活用方法はさまざまだが、大きく分けて公共利用、商業利用、個人利用の3つにカテゴライズできるだろう。各カテゴリーにおいてドローンがいかにして活用され、今後どのような実用が期待されているかを順に紹介していこう。

まず公共活用としては、国境巡回、山林や海岸海上の環境監視、気象情報の観測と収集、災害救助、犯罪の防止や追跡などで活用されている。

例えば米の税関・国境警備局では、メキシコとの国境付近のパトロールのためにドローンが使われているし、中国では大気汚染対策にドローンの活用を検討しているという。中国政府と中国航空工業集団公社（ＡＶＩＣ）が協力して２０１４年に行った実験では、パラシュートをつけて上空を飛ぶドローンがスモッグ除去効果のある化学物質を噴出。この化学物質が上空のスモッグ内の粒子と反応して大気を浄化させたという。まだ実用化はされていないが、中国は深刻な大気汚染に悩んできただけにドローンに寄せる期待は大きいかもしれない。

日本では東日本高速道路が、橋梁や道路などのインフラ設備の点検にドローンを活用しようとしている。自動飛行するドローンが、あらかじめ設定した経路に沿って橋梁や道路の様子を俯瞰撮影。収集した画像データを解析して異常を確認した場合、作業員が現地に赴き詳しく調査する。それ以前までの点検作業は大量の人員と点検車両を擁しても１日かけて３００～４００ｍしか点検できなかったそうだが、ドローンの導入で効率化はもちろん、作業員や点検車両も少なくなりコスト削減にもつながると期待を集めている。

また、土砂崩れや山岳での遭難者発見、または原発の廃炉など、人が立ち入れない災害現場での調査にもドローンは力を発揮している。

記憶に新しいところでは、2015年4月にネパールで起きた大地震だ。インドとネパール当局は、地上から到達できない地域の捜索にドローンを活用して救助活動に役立てており、地震発生の8日後にネパール入りした日本の金沢大学の藤生慎助教が、首都カトマンズなど5カ所にドローンを飛ばして被害状況を調査している。

「被害の状況を迅速に把握できると復旧に向けて、どこに、どれだけの人を投入すればよいのかがわかる。ドローンはどの災害においても、強力な調査支援のツールになると思う」（NHKオンライン 2015年5月25日「ネパールの大地震ドローンで被害状況を調査」）とは藤生助教の言葉。災害時において、ドローンは今や必須の調査ツールになりつつあるのだ。そうしたこともあって、すでに日本の消防関連部署にもドローンの実用が決まっている。

ちなみにお隣・韓国では2015年3月に江原道のチョンソンで発生した山火事で、ドローンが大活躍した。山火事は残り火から再出火して再燃火災となる場合があるため、残り火を完全に消火することが重要になる。日が落ちれば有人のヘリ飛行が難しく、消防隊員だけで山全体を点検することも不可能。しかし、夜間飛行や全体を俯瞰できるドローンの利用によって残り火が発見され、大きな被害を免れたのだ。

さらに言えば、ドローンは今後、犯罪抑止力を持つ「監視者」としての働きも期待されている。

例えばドイツでは、列車への落書きや器物破損などに悩まされてきた国内最大の鉄道会社であるドイツ鉄道が、夜間の停車場の上空にドローンを飛ばし、保管区の監視に役立てようとしている。米・FBIは2006年からドローンを捜査や監視に導入。現在その数は17台になるという。自動制御で不審者を追跡する警備用ドローンも実用段階にあり、警察のデータベースと連動し、顔写真を判定するような利用法も想定されている。

このように多様な公共利用が可能なのは、ドローンに搭載されたカメラや各種センサーの性能が著しく向上しているからにほかならないだろう。ドローンに搭載されたカメラがより精密な視野の確保を可能とし、監視、偵察、追跡などの分野でも活用できるようになったというのが、一般的な見方だ。

また、近年は赤外線センサーを通じて夜間探査も可能になっただけではなく、さまざまなセンサー機能を通じてガスや放射線の検出などにも活用できるようになった。英ブリストル大学などはドローンを利用した放射線観測を目指し研究を重ねている。

農業や映像分野で活躍する商用ドローン

こうした公共利用よりも、より多方面でドローンが活躍しているのが商業利用の現場だ。

例えば農業用ドローンだ。そもそも農業の現場では以前から農薬散布用のラジコン・ヘリコプターが使用されてきたが、ドローンの登場でその需要はさらに高まっている。

農業用ドローンに新たなビジネスの活路を見出しているベンチャー企業・トリプルエーの広報担当者は『週刊ＳＰＡ！』の取材でこう言っている。

「これまで農薬散布用のシングルローターラジコンヘリだと、１台１２００万円くらいしました。しかし、現在の最新式ドローンは、１台２００万円と農業機器の中でも比較的安価。性能的には一回の飛行でおよそ５kgの農薬散布が可能ということもあって、非常に人気が高まっています」（２０１５年3月10日号）

農業用ドローンは農薬散布以外にも、育成状態のモニタリングや、樹木への水撒きなどに利用可能。農業の効率化や人手不足問題の解消にも期待が寄せられているという。

また、建築現場でもドローンの商業利用は進んでいる。建設業の日創研は、ドローンで工事現場を空撮して、立体的な地図を作り、工事で出る土砂の量を調べる作業に活用している。建設機械メーカーのコマツは２０１５年２月から、ドローンを使った建設現場向けのＩＣＴソリューション「スマートコンストラクション」の提供を開始。ドローンを活用した測量で、これまで数カ月要した作業期間が10～15分程度で行えるようになり、精度も飛躍的に向上したという。さらに最近は自動飛行制御システムの向上で、ダム、高所家屋、ソーラーパネルなど大規模な施設のインフラ点検にも活用されている。

商業利用で何よりも活発なのは、映像産業だ。例えば映画業界では高性能ＨＤカメラを搭載したドローンが撮影現場で活用されている。『００７　スカイフォール』の冒頭で主人公ジェームズ・ボンドを演じるダニエル・クレイグが、オートバイに乗って不審者を追跡するシーンを覚えているだろうか。あのシーンはまさにドローンで撮影されたものだったが、そのほかマイケル・ベイ監督作品の『トランスフォーマー』シリーズ、ロバート・ダウニー・ジュニア主演の『アイアンマン３』などでドローンが撮影に使用されてきた。

ちなみに2015年3月7日にはニューヨークでドローンを使った撮影映像を集めた「ニューヨーク・ドローン映画祭」も行われている。

同映画祭には、ドローンを使って撮影された5分前後の映像が約35篇紹介されたが、アイスランドの噴火した火山、ウクライナのチェルノブイリ原発事故跡地の風景など、その映像はどれも圧巻だった。またPerfumeが出演したことで日本でも話題になった米4人組ロックバンド「OK Go」のミュージックビデオ「I Won't Let You Down」内に収まった、2000名のエキストラを使った空中撮影シーンも出品された。

そんな中で最優秀賞に輝いたのは『Superman With a GoPro』と題された作品。ウェアブルカメラを装置した小型ドローンをスーパーマーンの視点に見立てて、敵と戦ったり、ビルから落ちる女性を助けたりと、大空を自由に飛び回る映像が話題に。ドローンならではの迫力とスピード感にあふれていた。この手の工夫とアイデアを凝らした映像作品は、今後も出てきそうな雰囲気だ。

ドローン・ジャーナリズムに観光PR、ラグビー日本代表も活用

メディアの世界でもドローンは大活躍している。その理由は、カメラを搭載したドローンは、地理的な限界や安全性の問題で人が近づけない場所をレンズに収めることができ、かつ莫大な費用がかかった航空撮影よりも、安くスケールの大きい撮影が可能だからだろう。

ナショナルジオグラフィック社は、２０１４年にタンザニアでライオンの生態を探るためにドローンを活用。ＣＮＮテレビは、トルコのデモ現場やフィリピンで起きた台風の災害被害を撮影するためにドローンを投入している。

ウォールストリートジャーナルは、２０１４年に香港で起きた民主化運動デモをドローンで撮影しており、ＣＮＮなどは２０１５年１月に、米連邦航空局（ＦＡＡ）と報道分野でのドローン利用について協定を結んだと報じられている。そのほかニューヨーク・タイムズをはじめとする米大手メディア10社が、ドローン利用に関してバージニア工科大学と提携したことも発表されている。災害現場や事故現場など危険を伴う撮影や取材にドローンを使用しようとするこうした取り組みは、「ドローン・ジャーナリズム」と呼ばれている。

また、スポーツ中継などでもドローンは威力を発揮している。スタジアム上空からの空撮分野では、もはやドローンは欠かせぬものになった。2014年ソチ五輪のスノーボードやスキー・フリースタイルなどの競技で、コースに沿ってドローンが飛行。滑走する選手を上空から撮影した、今までにない斬新で迫力ある映像が世界に流れた。

米のスポーツチャンネル「ESPN」は、2015年から同社が主催するスポーツイベント「X-Games」の中継にドローンを空撮活用することを決めており、今後はゴルフ、F1、サッカーなどの中継でもドローンが利用される見通しだという。

付け加えると、テレビ中継だけではなくスポーツの現場でもドローンを活用しているところもある。

有名なのはラグビー日本代表だ。2015年9月にイングランドで行われるラグビー・ワールドカップに挑む日本代表は、そのチーム練習の際にドローンを活用している。チームを率いるヘッドコーチのエディ・ジョーンズ氏は言っている。

「(ドローンによって撮影された)映像はとても鮮明だ。全員がどこにいるか、ボールと離れたときに何をしているか、一目瞭然だ」

縦100m以内、横70m以内のピッチの中で総勢30名の選手(1チーム15名)がひとつの楕円球を奪い合い、そのボールを相手のインゴールに運んでトライした数を競い合うラグビー。激しい肉弾戦のイメージが強いが、実は陣取り合戦の要素も強く、限られたスペースの中で大勢の選手たちがプレーするため、さまざまな戦術を組み合わせながら前進する緻密な戦略が必要となる。そういった戦略作りと戦術を徹底させる上で重要になってくるのが、日々の練習時から選手のポジション取りやスペースを発見する能力を鍛えること。これまでその確認作業はグラウンドの横から平面撮影したビデオカメラ映像などが主流だった。グラウンドに設置した特設スタンドから撮る場合もあったが、全体を俯瞰できるほどの高さでもなかったという。

そんなとき、ジョーンズ氏は旧知のコーチからフランスでドローンが練習撮影に活用されていることを聞き、２０１５年４月からドローンを日本代表の練習にも取り入れた。選手たちが練習する上空に高解像カメラを搭載したドローンを飛ばし、最適な場所で空中固定させ、ピッチ全体を俯瞰撮影し、その動画を選手たちに見せるようになったという。選手たちの評判は上々で、スタンドオフのポジションでプレーする立川理道選手は「相手の立ち位置の幅やスペースが一目でわかるので勉強になる」と語り、スクラムハーフの矢富勇毅選手も「(プレー中に)自分がどのような判断をしたか、すごくわかりやすい。次につながる」と、ドローンがスキルアップに役立っていることを認めている。

そんなドローン効果もあって、ラグビー日本代表は4月以降、強化試合で負け知らず。韓国代表、香港代表を連破し、アジアチャンピオンシップで優勝した。この勢いのまま9月のワールドカップで好成績を挙げれば、ドローンが陰の功労者としてさらに脚光を浴びるかもしれない。

このラグビー日本代表のエピソードでもわかるとおり、手軽に空撮ができることでドローンの商用利用の可能性は近年、一段と高まっている。

無人機空撮専門企業のフライトエディット代表・谷島伸幸氏も、『週刊ＳＰＡ！』の取材に対し、ドローンの活用でビジネスチャンスが広がったと話す。

「これまで撮影で有人飛行する場合、30分の飛行で70万円というのが相場でした。しかし最新のドローンを利用すればどこからでも飛ばせ、費用も丸一日で20万〜30万円で済む。マルチコプターの積載可能重量も飛躍的にアップしており、最新機種だと４Ｋカメラでの撮影も可能。テレビ関係の仕事のほか、企業パンフレット用の撮影など幅広い依頼があります。ビジネスとしては非常に魅力的です」（２０１５年3月10日号）

実際、ドローンで空撮した景色をユーチューブで公開するなど、各企業のプロモーションに使われるケースも多い。

旅行会社「エイチ・アイ・エス」もドローンを活用している。同社は消費者たちの旅情を喚起するために、スリランカの「シギリヤロック」、インドの「チャンド・バオリの階段井戸」といった世界遺産をドローンで空撮し、その映像を公式サイトやユーチューブ、フェイスブックやツイッターといったSNSで公開している。

シギリヤロックの映像は同社の2015年4月の動画再生回数ランキングで堂々の1位に輝き、閲覧者からは「すごいー！　素敵すぎ！　行きたいなぁ」「ありがとう！　素敵な景色！」といったコメントも寄せられている。

アマゾンやDHLが動き出したドローン物流革命

もうひとつ、ドローンのビジネス活用法として大きな注目を集めているものがある。「物流」だ。その代表格として挙げられるのが、アマゾンが2013年12月に発表したプライム・エアサービスである。

CEOのジェフ・ベゾス氏がCBSのドキュメンタリー番組に出演して明らかにしたその事業構想によると、顧客がアマゾン公式サイトに陳列された商品の購入ボタンをクリックすると、8つのプロペラを備えたオクトコプター・ドローンが配送センターから商品を出荷。配送可能な距離（16㎞まで）や商品重量（5パウンド=約2・3㎏まで）に制約があるものの、交通渋滞がない空路を使えば注文後30分以内で商品の配送が可能だとする仰天プランを発表した。

アマゾンはこの新サービスのためにドローンを開発する研究者たちを多数雇用しており、技術的には実用可能なレベルにあるという。すでにカナダ、オーストラリア、インドなどではテストに成功しており、CEOのベゾス氏は「4～5年後にはプライム・エアのサービスを提供したい」と自信を覗かせている。

また、ドイツの運送大手「DHL」は2013年から「DHL parcelcopter」というプロジェクトを開始。最高時速64㎞/hで飛行するドローンを使って物品配送することを目的にした同プロジェクトは、2014年9月26日に初実施されている。ヨーロッパ初のドローン配達となった同プロジェクトの配送先は、北海沿岸にある人口1700人のユースト島。ユースト島と本土の間ではフェリーが行き交うが、フェリーが運航しないときでも薬品など医療品を届けられる輸送サービスとして、メディアでも大きく取り上げられた。

このほか、ロシアでは大手ピザチェーンがドローンでピザを宅配する試みを開始し、試験段階とはいえ2014年の段階で100件以上の宅配に成功している。同様に中国ではジャック・マー氏率いるアリババが、北京や上海で一部ユーザーを対象にお茶の注文を1時間以内に届ける試みを成功させている。日本では2015年2月、こんなニュースが話題になった。

「ドローンで離島にもお届け　お年寄りらの買い物支援　高松で来春にも」（産経新聞2015年2月12日）

記事によると、高松港から男木島や女木島といった定期航路がない瀬戸内海の離島に、ドローンを使って食料や医薬品を届け、お年寄りらの買い物を支援しようという「KamomeAirプロジェクト」が始動しているという。代表の小野正人氏によると、クラウドファンディング上で出資を募ったところ、2カ月間で100万円以上の事業資金が集まり、その資金を使って名古屋市のメーカーにドローンの製作を依頼。3月には離島間を結ぶ輸送実験にも成功しているという。

ちなみに同じ物流でも、ドローンをビジネスにユニーク活用しているニュースもある。

例えばシンガポールのローカルレストランチェーンでは、ウェイターに代わってドローンが食事やドリンクを提供しているという。シンガポールでは近年、低賃金で社会的に地位も低いとされるサービス業を若い世代が敬遠しているため、深刻な人員不足に悩まされてきた。同レストランチェーンではそうした悩みをドローンで解消。ドローンにはカメラとセンサーが搭載されており、人はもちろん、ドローン同士がぶつからないようプログラミングもされているので、大きな事故やトラブルも起きないという。また、英・ロンドンの寿司専門店でもドローンがサービング用に活用されているという。

そのほかにも、オーストリアのリンツで行われたメディア・アートの祭典「アルスエレクトロニカ・フェスティバル」では、LEDを装着した50台のドローンが夜空を舞い、まるで花火のような幻想美を演出。フェスティバルのハイライトを飾り、大きな話題を集めた。

2013年4月に英で行われた「アースアワー・ロンドン」というイベントでは、ハリウッド映画『スタートレック イントゥ・ダークネス』の宣伝チームが、LEDをつけた30機のドローンを夜空に編隊飛行させて、映画のプロモーションに活用した例もある。

「DIY」に惹かれて個人利用も増加

こうした公共利用や商用利用だけではなく、一般のエンドユーザーたちからも大衆的な人気と関心を集めていることもドローンの特徴だろう。現在のドローン人気は、個人利用の増加によって支えられているという側面も否定できない。

ホビー用ドローンを販売するセキドのシニア・ディレクター、木伏裕一氏も言う。

「2013年の5月から中国DJI製のドローンを取り扱うようになりましたが、半年毎に倍のペースで販売台数が増えています。値段は14万～40万円程度。昨年にファントムという機体がフルセットで販売開始されてからは、人気に一気に火がつきましたね」

日本でドローンが販売された当初、複雑な組み立てが必要だったため、まずラジコン愛好者を中心に普及。後に完成した機体が発売され、購入者の裾野がぐっと広がったという。また、従来のラジコンとは異なり、スマホやタブレットとの連携が可能なため、ガジェットを好む層にもよく売れる傾向にあるという。

「現在、DJIでは月間3万台ほどが製造されています。日本では全体の10分の1くらいの販売を期待されており、国際的にも3年先までは爆発的に販売台数が増えると言われています。我々も日本のマーケットは広がっていくと予想しています」（木伏氏）

バッテリーと電気モーターを動力とする最近のドローンは構造もシンプルで、維持や補修、メンテナンスも簡単だ。また、ドローンにカメラを搭載した場合、それまで映画やテレビ番組でしか見られなかった空撮を、ユーザー自ら撮影できる。ラジコン好きのホビー層はもちろん、写真や動画好きのカメラ愛好者にとってもドローンは活用度が幅広いアイテムとなったのだ。

しかも、ホビー用ドローンの価格は著しく低下している。例えば米の3D ROBOTICS社の代表機種「3DR IRIS」は、GPS座標を使っての自動飛行機能などを搭載したハイエンドモデルでありながら、1台750ドル。フランスのPorrot社の「AR.Drone」も6万円台だ。

これらよりもローグレードであっても、映像撮影機能を装備したドローンは2万円台から販売されており、最近は1万円にも満たないリーズナブルな商品も出てきた。こうした価格帯の安さによって、中高生など学生でも気軽にドローンを購入できるようになった。

しかも、ドローンは使う者の目的に合わせて多様な機能を装備させる「DIY(Do It Yourself)」を可能にしてくれる。現在、インターネット上にはドローン愛好者たちが集るコミュニティサイトが複数あり、各自のオリジナルドローンが紹介されているだけではなく、付属品や改造キッドなどを販売しているところもある。マニアたちにとっては好奇心と探究心を刺激してくれる、ホットアイテムになっているのだ。

グーグル、フェイスブックも参入する世界ドローン市場の規模と展望

公共サービスはもちろん、さまざまな産業でのビジネス活用や、個人の趣味や娯楽の現場でも人気を博しているドローン。そんな幅広い活用がなされているだけに、ドローン業界に参入する企業が増えている。

例えばソニーだ。ソニーは、デジタルカメラなどに使われる目の役割を担うセンサーで世界トップのシェアを誇るが、その技術を活用したドローンの開発に着手することを2014年8月に発表。トンネルや橋など、インフラ点検や農作物の生育状況などを調査できるドローンの開発と実用化に動き出している。

日立マクセルもドローン市場への参入を表明。スマートフォン向けに培った技術を活用して、ドローン向けの小型・軽量リチウムイオン電池の開発と製品化に乗り出した。このように異業種からドローン市場に参入する企業が相次いでいる状況だ。

また、既存のドローン・メーカーだけではなく、専用アプリやソフトウェアはもちろ

ん、カメラ、各種センサー、データマッピングや解析技術、高性能バッテリーなどを研究開発する、ドローン特化型のスタートアップ企業も世界中で増えている。新しいビジネスチャンスを求めてドローン業界に参入してくるアグレッシブなベンチャー企業も、後を絶たない。

そして、ついにはグーグルやフェイスブックといったグローバルIT企業たちも動き出した。

グーグルは2014年4月にドローン製造メーカーであるタイタン・エアロスペース社を買収しており、同年8月には無人搬送プロジェクトを発表している。「プロジェクト・ウイング」と名付けられたそれは、災害時に孤立してしまった地域に救援物資などを輸送することを想定した配送システムで、すでにオーストラリアで実証実験も成功させている。グーグルは2013年に、気球を利用しネット・インフラが備わっていない地域でもインターネット接続ができるようにする「プロジェクト・ルーン」を発表しているが、そのプロジェクトの発展系としてドローンが活用されるのではないかとも噂されている。

一方のフェイスブックは英ドローン製造メーカーであるAscenta社を買収。2015年3月にはインターネット接続環境を提供するドローン「Aquila」を公開している。巨大なソーラーパネルを搭載した固定翼型のこのドローンは、上空からWi-Fi電波を送ることで、砂漠や辺境地など日常的にインターネット接続環境にない人々にも、ネット接続環境を提供する目的で開発が進められており、すでに英でテスト飛行も成功したという。

まさに飛ぶ鳥を落とす勢いで大空を制覇しつつあるドローン。関係機関はその市場展望を示すさまざまな予測を発表しているが、その数値はどれもポジティブだ。

例えば国際無人機協会（AUVSI）は、２０１５〜２０１７年までの2年間で、アメリカの得るドローンの経済効果を１３６億ドルと見積もっており、２０１５〜２０２５年の10年間では８２１億ドルになると予想している。同学会は２０２５年頃までに米国内で３万機以上のドローンが飛行し、10万人規模の新規雇用が生まれるとも予測している。

また、英のコンサルティング企業であるティール・グループは、２０１０年に30億ドル規模だった全世界ドローン市場が２０１４年には64億ドルと2倍に膨れ上がり、２０２４年にはさらに80％成長して１１５億ドルになると展望している。

市場調査企業であるＢＩインテリジェンスの見立てはさらに肯定的で、世界ドローン市場は今後10年間で最大１０００億ドルになる可能性を秘めていると報告している。

ドローンの登場が「空の産業革命」と呼ばれる所以は、矢継ぎ早に進む技術革新と、急速な市場拡大にある。しかし、その一方で空の秩序を守るための規制作りや悪用防止など、解決しなければならない問題も多い。日本だけではなく世界中が、ドローンに熱狂する一方で、そのリスクを計りかねている状況なのだ。

次の章からはドローンをめぐる世界市場の動きなどを紹介しながら、各国のドローン事情などに迫りたい。

第二章　ドローン産業の幕開け

新しいテクノロジーの発展は、新しいビジネスを生む。それは歴史が証明しており、例えば自動車は18世紀後半に蒸気機関を搭載する形で誕生すると、1831年にイギリスで蒸気機関を用いたバスが実用化された。19世紀後半にはエンジンを搭載した自動車が誕生し、当時の交通手段は馬から徐々に自動車へとシフトしている。現在、自動車は日常生活に欠かせないインフラとして完全に定着しており、その市場規模は日本国内だけでも60兆円に上ると言われている。

あまりにも気の早い話だが、もしかするとドローン産業も今後、爆発的な成長を遂げ、自動車産業とまでは言わなくても、大きな市場を形成する可能性はある。スマートフォンのように、1人1台が当たり前の〝マイドローン時代〟を夢見るドローン関係者も少なくなく、それほどドローン市場の将来性は有望視されているのだ。実際に、すでにドローンの世界市場は拡大の一途を辿っており、世界市場の規模はさまざまに推計されている。

例えば、日本のリサーチステーション合同会社は、「小型無人航空機（ドローン）の世界市場2015-2025年」というレポートの中で、2015年のドローンの世界市場規模を16億1000万ドル（約1932億円）と推計。また、米調査会社ティール・グループは、2014年に年間64億ドル（約7680億円）規模のドローンの世界市場は、今後10年で約2倍の115億ドル（約1・4兆円）まで拡大し、20年後には約910億ドル（約11兆円）に成長する見込みだと試算している。

中国の「経済日報」などは、すでに世界の民間向け無人機市場は1000億ドル（約12兆円）に拡大したとも報じている。ドローンの世界市場の規模に対する見解はさまざまだが、それでも10～20年後にドローン市場が黄金期を迎えるという展望はどれもが共通している。有望市場であるドローンを〝空の産業革命〟と比喩するのも、まんざら誇大な表現ではないのかもしれない。

ドローン産業の分野は、ドローンの利用目的によって、軍事と民間に大別することができる。現在のドローン市場は軍事用途がほとんどを占めているといえる。

掃除ロボット・ルンバの開発者であり、現在はCyPhy Works社のCEOであるヘレン・グレイナー氏は、世界最大級の無人飛行体シンポジウム「AUVSI's Unmanned System 2015」で、ドローンの成長分野について「軍需が最大」と話している。「販売量ではホビー分野を含む民生用が伸びるが、販売額では軍需のほうが大きい状況が続く」というのが彼女の見解だ。

実際にCyPhy Works社のパートナーには、アメリカ陸軍、空軍、沿岸警備隊、国土安全保障省などが名を連ねている。CyPhy Works社は、約18㎝という超小型ドローン「エクストリームアクセス・ポケットフライヤー」などを開発しているのだが、米軍の資金提供を受けて、設計と試験が行われたそうだ。ちなみに、同機には360度の視野を持つパノラマカメラが搭載されていて、通路やトンネルなどが残骸や瓦礫などで封鎖されたとしても遠隔操作で検査することができるという。

たしかに軍用ドローン市場は拡大を見せており、2014年の世界の生産額は9億4200万ドル（約1130億円）に上り、2023年には23億ドル（約2750億円）に増加するとの予測も出ている。軍事用ドローン1機あたりの価格も破格で、例えばアメリカの軍事用ドローン「プレデター」の価格は約3000万ドル（約36億円）だという。

世界最大のドローン生産国であるアメリカのドローン市場において、最大シェア20・4%を占めているのは米軍需メーカー、ジェネラル・アトミックス社の軍用ドローンであり、また18・9%でシェア第2位となっているのも軍需メーカー、ノースロップ・グラマン社製だ。

さらに、アメリカ国務省は2015年2月の声明で、殺傷力のある無人攻撃機の輸出を条件付きで可能とすることを明かした。アメリカの防衛関連企業は、アメリカに比べて輸出規制の緩い国の企業に世界市場を奪われつつあると以前から不満をもらしていたが、その不満も解消されるようだ。ドローンの歴史が軍事利用から始まったことはすでに述べたが、それを踏まえてみても、当分は軍用ドローンが成長分野の筆頭になることは間違いないといえるだろう。

一方で、近年急成長を遂げているのが、民間用ドローン、つまりホビー用ドローンと商業利用のためのドローンだ。米ビジネス専門サイト・ビジネスインサイダーによると、ドローン市場は軍事から徐々に商業利用にシフトしており、ドローンの商業利用は２０１５年から20年の間に毎年19％成長する見通しだという。軍事利用の成長率が５％ほどと考えると、将来的には逆転現象が起こる可能性も十分だ。

民間のドローン産業の幕開けを告げるようなニュースが流れたのは、２０１３年12月ではないだろうか。ネット通販会社アマゾンがドローンを使った宅配サービス「アマゾン・プライム・エア」の構想を発表したのだ（第一章参照）。現在もユーチューブで確認できるその構想の動画は、わずか1分20秒程度にすぎないものの、注文を受けるとすぐにドローンが商品を運び、自宅に届けるという内容。近未来を感じさせるインパクトにあふれるものだった。動画が公開された当時は、「季節はずれのエイプリルフール」などと揶揄されることもあったというが、現在はアマゾンの構想を笑う者はひとりもいないだろう。

航空管制を行なうアメリカ連邦航空局（ＦＡＡ）は２０１５年2月15日、商業利用に関するドローン規制案「Notice of Proposed Rulemaking」を発表。ドローンに関する飛行条件や技術的な使用についてのガイドラインを示した。また、ＦＡＡは同年３月、アマゾン・ロジスティックス社に対して「アマゾン・プライム・エア」の飛行試験の実施を承認しており、ドローンを使ったビジネスがアメリカで本格的に動き出したと見ていいだろう。

ただし、民間ドローン市場において、世界をリードしているのはアメリカではない。後述するが、アメリカはどちらかといえば出遅れた感が否めない。アマゾンの飛行試験についても、当のアマゾンからは悲観的なコメントが出されている。意外に感じる人もいるかもしれないが、民間ドローン市場で先頭を走っているのは、中国とカナダのドローンメーカーなのだ。

世界の空を飛び回る中国ＤＪＩ社のドローン

民間ドローンの世界市場で最も存在感を示しているのは、中国メーカーであるDJI社だ。日本の経済産業省によると、ドローンの世界シェアの7割を占めているのはDJI社の製品だという。2015年4月時点で、ロイターが米規制当局の記録を調査したところ、ドローン使用で承認を受けた129社中、61社がDJI製品を使用していたというデータもある。全体の47％だ。さらに、承認待ちの695社のうち、DJI製品の使用を申請したのが400社近くに上るというのだから、同社がいかに多くのシェアを占めているかが伝わってくるだろう。

DJI社の正確な売上額は公表されていないが、ロイター通信は、2013年の売り上げを1億3000万ドル、2014年は5億ドル近くに達したと見ており、2015年には10億ドル超を見込むと伝えている。資金調達においても順調で、2015年5月には米ベンチャー・キャピタルのアクセル・パートナーズから7500万ドル（約90億円）を調達したとの報道もあった。それによると、投資の指揮を執ったアクセルのサマー・ガンジー氏は「（ドローン分野は）まだ草創期だが、新しい世界的なテクノロジー分野であると考えている。そしてDJI社はこの分野でトップになると確信している」（ウォールストリートジャーナル　2015年5月7日「ドローン製造の中国DJI、7500万ドル調達米アクセルから」）と語ったそうだ。

DJI社の企業価値は現在約1・2兆円と言われており、企業価値が1兆円を超えるとなれば、日本市場でトップ100に入る規模と見ていいだろう。資金調達においても、前述したアクセル・パートナーズばかりでなく、クライナー・パーキンス・コーフィールド・アンド・バイヤーズなどの米シリコンバレーのベンチャー・キャピタルが関わっているというのだから、現時点で他のドローンメーカーとは一線を画す存在であると言うことができそうだ。

そもそもDJI社は、本社を中国広東省深圳市に置くドローンメーカーである。従業員数は2500人（2014年時点）で、大陸出身の創設者フランク・ワン氏が香港科技大学を卒業後、2006年に資本金約3000万円で設立したという。一方、現在DJIの社長を務める李沢湘氏は、電子工学の博士で、香港科技大学やグーグル香港の責任者を経て、現在は上海交通大学の教授も務めている。湖南省の農村出身だが、アメリカ留学経験がある人物だ。

DJI社が世界的なドローンメーカーへと飛躍したきっかけは、2012年、従来のホビー機よりも高性能で、業務用よりも安価なドローン「ファントム」シリーズを発売したことだろう。「ファントム」は爆発的なヒット商品となり、ドローン業界においてDJI社は確固たる地位を築いた。ドローンに詳しいホビー機販売業の男性が話す。

「日本でドローンといえば『ファントム2』のことです。価格もフルセットで15万〜20万円とお手頃で、空撮ファンや、映像製作会社の人がこぞって購入しています。高性能な3軸ジンバル（回転台）と1400万画素のカメラを装備しているので、とてもキレイな映像が撮れます。飛行時間は満充電で20分程度。これでも、かなり飛行時間が長くなりました。DJI社のドローンは、20万〜50万円するホビー機と業務用の間の幅広い需要に対応した機種を販売しており、世界中で人気。品薄状態ですね」

「ファントム」シリーズは、世界で累計50万台を出荷する爆発的なヒット商品となり、日本でもこれまで3万台が出荷された。日本でドローンの存在を広く一般に知らしめた出来事といえば、首相官邸に落下したドローンだが、その機体も「ファントム2」であった。

そんな「ファントム」シリーズの最新作は、2015年5月に日本でも発売された「ファントム3」だ。価格はプロフェッショナルが17万5000円、アドバンスが13万9800円と、一般ユーザーの手に届く。重量は1280g、最高速度は16m／秒（時速約58km）で、4K動画を記録でき、またGPSが通らない室内でも安定したホバリングが可能だ。操作ミスによって人にケガを負わせたり、駐車中の車などを傷つけたりした場合の保険も本体価格に含まれている。三井住友海上と協力して実現したサービスで、最大補償金額は対人で1億円、対物で5000万円だ。

それにしても、なぜDJI社は「ファントム」というヒット商品を作れたのだろうか。その要因については、2015年5月に行われた「国際ドローンシンポジウム」（幕張メッセ）で、DJIジャパンの代表取締役・呉韜氏が分析をしている。

それによると、DJIは設立当時からシングルローターのヘリコプターの制御技術を開発しており、高い技術力を早くから所有していたとのこと。さらに呉氏は、拠点が中国・深圳にあるということも重要な要素として挙げた。

「深圳という場所は、中国の中でも最も優秀な人が集まるところ。そして周辺には電子デバイスの会社がたくさんあります。iPhoneを作る工場も近くにありますし、いろんな有名な携帯デバイスや車用の電子デバイスのメーカーがあります。ですので、部品の調達の便利な場所でもあります。さらに香港に接していますので、グローバル展開も非常に有利な場所になっています」

周知の通り、中国は世界のスマートフォンの主要な製造拠点だ。スマホとドローンは、

ＧＰＳやさまざまなセンサー、小型で高性能なバッテリーを搭載していることなど、非常に多くの共通点を持っている。スマホの生産技術はドローンの生産技術として活用できる部分が多く、ＤＪＩ社もその恩恵を多分に受けているということだろう。

ＤＪＩ社のドローンは、ハード面だけでなく、ソフト面でも充実している。従来のファントムシリーズは、パソコンにつなげてバッテリーのチェック、パラメーターの調整、アップデートなどを行っていたが、最新の「ファントム３」は、それらの機能をすべてスマホに統合させた。スマホを使って手軽に飛行前のチェックを行えるようになっており、ユーザビリティが飛躍的に向上している。

また、「FILM MAKER」というＤＪＩ社の自作アプリを使えば、空撮した映像を簡単に編集することも可能。そのまま動画をユーチューブなどにアップすることができ、ソーシャルメディアとの連動性も非常に高い。ＤＪＩ社は、２０１５年４月末には中国動画配信サイト最大手「優酷」や「土豆」と提携しており、オンライン空撮動画プラットフォームの構築に向けても前進していると言えるだろう。

「ファントム」シリーズを筆頭に、一般消費者向けのドローンで存在感を示してきたＤＪＩ社だが、最近ではＢtoＢ事業を進行させるために、産業用専用機体を開発し、すでに一部の日本企業や研究機関にサンプルとして提供しているという。呉氏は前述のシンポジウムで、「未発表のため詳しいスペックは言えないのですが、少しポイントを紹介したい」として、こう明かしている。

「これまで見たことのない安全飛行をするためのシステムを搭載しています。そして、BtoBのニーズに合わせて、メンテナンスが非常に簡単に行なえる機体になっています。さらに、ミニPC、その他のセンサー、カメラ、モジュールなどを搭載できるような拡張性を向上させました。最後に、アプリケーションを開発するため、オープンAPIを採用しています。弊社のオープンAPIは、主にカメラ、ビデオ、ジンバル、ワイファイなどの飛行以外の部分をオープン化し、必要とされるモジュールをより早く開発できる仕組みになっています。今は、iOS、アンドロイドに対応し、今後はウィンドウズにも対応していく予定です」

具体的なスペックなどの詳細は不明だが、ホビー用ドローンだけでなく、商用ドローンにおいても、DJI社が今後も大きな存在感を示していくことは間違いなさそうだ。

そんな世界最大手メーカーのDJI社に続けと、中国のドローン市場は盛り上がりを見せている。2014年7月に開かれた北京のドローン展示会には60社が参加しており、すでに部品メーカーなどを含めると400社がドローン市場に参入しているとの報道もある。雇用も1万人以上だ。

ドローン市場で活躍する中国メーカーは、DJI社だけではない。産業用ドローンに特化した開発を推し進めているメーカーとしては、Zero UAV社も有名だ。そのほかにも、1000万ドルの資金調達に成功したEHang社、ドローン関連投資が活発化したことで株価が5倍に高騰したZongshen社など、複数の中国メーカーが世界のドローン市場で存在感を増している。

民間のドローン市場において、〝中華ドローン〟の地位は揺るぎそうにないのが現状と言えるだろう。

警察や公的機関がドローンを利用しているカナダ

中国DJI社が一般消費者向け、つまりホビー用のドローンで成功している代表企業だとすれば、カナダのAeryon社はプロフェッショナル向けの商用ドローンで世界市場をリードしている。

Aeryon社は、２００７年に創設され、カナダ環境省、米国海軍、米国国土安全保障省、オンタリオ州警察など公的機関との協力実績がある。一言でいうならば、超高額で超高性能な問題解決型ドローンを開発しており、同社のドローンはすでに様々なシーンで実用されているという点で、他メーカーの一歩先を進んでいると言える。カナダ政府は、大学の研究室から始まったAeryon社に約30億円の支援金を投じて開発をバックアップしているという業界関係者の談もある。

前述した「国際ドローンシンポジウム」に参加していたAeryon社のチャック・ロウニー副社長が、気さくにインタビューに応じてくれた。

「私たちはプロフェッショナル用のドローンしか作っていません。操作するためにはSpecial Flight Operating Certificates（ＳＦＯＣ）というライセンスが必要になり、人の上に飛ばしてはいけないとか、空港の３マイル内であれば一度空港に連絡して許可を得る必要があるなど、さまざまなルールが決まっています。そんなＳＦＯＣは、誰でも無料で申請することができます」

この一言からもわかる通り、カナダはドローンに対する規制やルール作りを早くから行なってきた国家だ。２００８年にはすでに、35kg以下の機体のルール作りが完成。すでに

1000社が認証され、合法的に空を飛び、発電所や送電線の監視にドローンが実用化されてきた。カナダ政府は、企業が申請したビジネス内容を見て個別に許可を出しており、2014年までに運行許可を1700件ほど発給したとも言われている。過去には、アメリカのFAAがドローン飛行テストの許可を出さず、しびれを切らしたアマゾンやグーグルがカナダで飛行テストを行ったこともあったが、それほどカナダはドローンの運用ルールが明確に定められた〝ドローン先進国〟なのだ。

話が少し脱線してしまうが、ドローンの規制が明確に定められているということは、ドローンメーカーやドローン産業において都合の悪いものではない。むしろ規制やルールがない状態に比べれば、非常にありがたい状況だ。前出のDJI社の呉氏もこんなことを語っていた。

「法律のない状態は、非常によくない状況だと思っています。弊社のお客様でも『どこで飛ばしていい?』『どうやって申請を出せばいい?』と尋ねてくる方が少なくなく、今はどうすればいいのかわからない状況です。法律が整備されて、ここに申請して、こういうライセンスがあって、こういう保険があれば飛ばせるという明確なガイドラインが出てくれば、逆に業界は一気に活性化することになると思います」

そう考えると、2008年にルール作りができていたカナダは、ドローン産業において優位に立っていると言えるだろう。そんなカナダのドローン市場はどうなっているのだろうか。再び、チャック副社長の話に戻ろう。

「具体的なマーケットサイズとなると、どうやって計ればいいのか……。ただ現在、カナダのすべての警察はなんらかの形でドローンを利用しています。カナダには国家全体の警察もあるし、州ごとの警察もいるのですが、多くの警察はAeryon社のものを使っています。例えば、何か事故が起こって現場検証を行うときに、以前は3～4時間ほど時間がかかりましたが、弊社のドローンを使うことによって時間を数十分にまで縮めることができました。現場検証する場所が有料の高速道路であれば、その間、車は停まっていなければなりません。人が動けないということは、ビジネスが動かないということ。お金が入ってこない時間になるし、全体的な経済効果はすごく悪くなります。ドローンを使うことによって経済が動かない時間を短縮することができるので、そういう意味では街や地域全体のメリットになっていると言えると思います」

Aeryon社ドローンの活躍の舞台は、カナダ国内にとどまらない。人が踏み込めない場所の撮影や調査を実行できることがドローンの利点のひとつだが、2015年4月のネパール地震においても同社のドローンが活躍したという。

「国連もそうですし、ネパール軍、4つの救急機関などに使っていただきました。災害においてもドローンが活躍するという実例です。地震などの災害が起こったとき、最初に行うべきことは現地を視察して、マッピングをするということ。それが最初のタスクになります。ドローンを使って空から現状を把握して、その結果をもってさまざまな救助活動を行うことができます」（チャック副社長）

ネパール地震の場合、余震が長く続いたので、地形がどのように変ったかを継続的に調査し、日々新たなマッピングを行っていく必要があった。Aeryon社のドローンを使ったことで、地すべりが起きていないか、道路は使用可能か、インフラの損害状況はどの程度かということを、低コストで正確に把握することができたという。

「例えば、電気を復旧させるといった場合も、電柱や電線にどの程度の損害があるのかを正確に把握して、評価する必要があるでしょう。赤外線カメラ、熱を検知できるカメラなどを使った調査が必要になります。そういった場合でも、ドローンは非常に有用なのです」

チャック副社長は、カナダでは今後さらに多くの企業がドローンを商用利用するだろうという明るい見解を示した。

「カナダの電力会社、ガス会社などは現在、なんらかの形でドローンを使い、その結果どのくらい経済効果が生まれるのかを調査している段階です。彼らがそこに経済的な価値があると判断すれば、ドローンの大量購入などの次の段階に話が進んでいくことでしょう」

商用ドローンが実用され、その有用性がすでに証明され続けているカナダ。ホビー用では中国メーカーに後れをとっているものの、プロフェッショナルを対象とした商用ドローンにおいては、カナダのAeryon社が世界トップの座を獲得するかもしれない。

意外にも後手に回っている!?　アメリカのドローン事情

常に最新のテクノロジーを生み出し、経済大国として君臨してきたアメリカ。ドローン事情はどうなっているのだろうか。国際無人機協会（ＡＵＶＳＩ）によれば、アメリカ国内のドローン市場は２０２５年までに10兆円産業となり、10万人の雇用を創出、毎日３万機のドローンが米国本土を飛行すると予測している。実際にアメリカによるドローン販売台数は、２０１５年度に前年比65％増の42万５０００台に達するという推定もある。

アメリカでは現在、一般の人がネット通販などでドローンを手軽に購入しており、趣味でドローンを飛ばしたいという人も急増。さらに、企業などが商業利用しようとする動きも加速している。しかし、軍事用やホビー用ドローンに比べると、アメリカの商用ドローンは出遅れ感が否めない。

例えば、農薬散布用のドローンの利用が認可されたのは2015年5月に入ってから。認可されたのはヤマハ発動機の「ＲＭＡＸ」だが、農業でのドローン使用は日本よりも20年以上遅れたことになる。

その原因は、米連邦航空局（ＦＡＡ）が数年間もドローン規制の方針を固めることができなかったからだ。ＦＡＡは２０１５年2月になってようやく商用ドローンの合法化と規制に向けた提案を発表したが、予定よりも4年ほど遅れての発表となった。その商用ドローンの規制について、ざっと要点をまとめると、使用できるドローンの重量は25kg以下、操縦が許されるのは日中のみ、飛行高度は約１５０m以下、飛行速度は時速１６０km以下で、さらに有人飛行機から離れた場所を飛ばなければならないというもの。また注目したいのは、飛行範囲がオペレーターの視界の範囲内に限定されるとしており、さらにドローン飛行に関与していない人々の頭上での飛行を禁止している点だ。その内容は、アマゾンやグーグルなどが構想する宅配サービスなどを想定すると、かなり厳しいものとなった。アマゾンはFAAの規則案の発表を受け、「アメリカで『プライム・エア』を実施できないだろう」と見解を伝えている。最大の問題は、飛行範囲が有視界飛行に限定されていること。アマゾンは半径16㎞の配送を構想していたため、このままでは計画が頓挫する可能性があるかもしれない。また、オペレーターの操作が義務付けられているため、想定していたGPSによる無人運転も難しくなっている。

FAAは商用ドローンの使用を基本的に認めておらず、企業が認可を得るのは非常に難しいというのが現状だ。これまで申請した342社に対して24社にしか認可を与えていないという情報もあった。規制の緩い欧州では商用ドローン企業が数千社あると言われていることを考えると、いかにアメリカの規制が厳しいかがわかるだろう。ドローンの商用に厳しい姿勢を示してきたFAAの影響があったのかどうかは定かではないが、グーグルは2014年8月に発表したドローン事業「プロジェクト・ウイング」(配送ドローン計画)を打ち切っている。

とはいえ、長期的にドローン業界を独占するのは米シリコンバレーだという見方が強い。米調査会社CBインサイツによると、2014年にドローン関連のアメリカ新興企業に注入された資金は1億ドル以上で、前年の水準から倍増しており、今後の巻き返しが期待されている。

実際に、アメリカのドローンメーカーの奮闘も目立つ。特に注目されているのは、サンフランシスコに本社を置く3D ROBOTICS社だ。雑誌『WIRED』の元編集長クリス・アンダーソン氏が創業したベンチャー企業で、自作のサイトを開設してオープンソースでオートパイロット「Pixhawk」を開発するというユニークな試みで成長してきた。

クリス・アンダーソン氏は2007年のある日、無線操縦モデルの飛行機の原理について調べ、ドローンと大きな違いがないことに気付いたという。当時の小型ドローンの価格は、800ドルから5000ドルを超えるものまでさまざまであったが、原理を理解したアンダーソン氏は300ドルほどで十分に販売が可能と判断したそうだ。当時のドローンがそれほど高価だったのは、知的財産権の価格にその理由があった。そこで彼は、オープンソースを利用して、安くて誰にでも作ることができるドローンプロジェクトを開始したというわけだ。

そうして作られたのが、コミュニティサイト「DiyDrones」。ドローンのソフトウェアの設計図といえるソースコードを無償で公開し、誰でもソフトウェアの改良や再配布が行えるようになっているという。同コミュニティについては、「国際ドローンシンポジウム」に参加したマッカイ・ランドール・ニール氏（ArduPilot Japan Drones INC設立者）が説明している。

「『DiyDrones』のメンバー数は6万人を超えていて、互いに情報を自由に共有しています。主に『ArduPilot』というソフトウェアを中心に作っており、『ArduPilot』のアクティブユーザーは10万～20万人と推定しています。NPO団体のDroneCodeや3D ROBOTICS社もこのコミュニティサイトから輩出されました」

ちなみに、DroneCodeプロジェクトにはインテルやQualcomm、日本のエンルートなどの企業も参加しているそうだ。コンピューターの歴史を踏まえると、オープンソース化がドローンの進化をさらに加速させる可能性は高いと言えるのではないだろうか。

いずれにせよ、コミュニティサイト「DiyDrones」を通じて、格安のドローン市場が開かれ始めた。同コミュニティは2007年の初年度に25万ドルを売り上げ、2010年には売り上げ100万ドルを突破。アンダーソン氏は3D ROBOTICS社を立ち上げ、2015年2月にはQualcommなどから5000万ドルに上る大規模な投資を誘致している。

3D ROBOTICS社の正確なドローンの販売量は公開されていないが、2015年の売り上げは5000万ドルを超える見通しだ。2015年5月には「世界最強の個人向けドローン」と評判の「Solo」を発売。価格は999ドルで、「スマートドローン」などと呼ばれており、中国DJI社の「ファントム3」のライバルとなると目されている。

アメリカのドローン関連企業でもうひとつ押さえておきたいのは、Skycatch社だ。高精度な画像を空撮できるドローンと、収拾した画像を処理・分析するソフトウェアをパッケージにしたサービスを提供している企業で、総合建設業を営む米ベクテル社などをはじめとした建築や鉱山開発、農業などの大手企業とパートナーシップを結んでいる。土木建設や工事の分野で無人化施工が注目されている中で、Skycatch社のドローンがさらなる効率化の一助となると考えられているのだ。

日本でもSkycatch社の名を聞くようになったのは、同社が建設機械大手コマツと連携しているからだ。コマツは2015年2月から建設現場向けのICTソリューション「スマートコンストラクション」を開始しており、そこにSkycatch社のドローンが使われている。作業工程としては、まずドローンが上空から現場をスキャンし、そのデータを使って地形の3Dモデルを作成。その後、コマツの無人ブルドーザーや掘削機が3Dモデルを用いて、工事を進めるという流れだ。このソリューションを利用することで、建設現場における測量から完工までの工数と人員を減らすことができ、従来の20％程度のコストを削減できるとも言われている。

こと商用ドローンにおいては出遅れたものの、そもそものドローン技術、生産量においては世界最高峰であるアメリカ。しっかりとした法整備が行われれば、商用ドローンにおいても、今後の巻き返しは十分にあり得るのではないだろうか。

今後の飛躍が期待されるヨーロッパのドローン

ＥＵでは２０１４年9月から、「ヴィジョン２０２０」という民間領域におけるドローン産業を育成するための規制と振興政策が行われてきた。とはいえ、各国でドローンの規制政策は少しずつ差があり、例えばオーストリアでは、ドローンを「おもちゃ」「模型飛行機」「25kg以上のドローン」に分類し、前ふたつのドローンに関しては規制なしの政策を適用しているそうだ。

国ごとに違いがある中で、ヨーロッパを代表するドローン先進国といえば、フランスだろう。同国は２０１２年に商用ドローンに関する規制をいち早く設けた。それによると、操縦士は実技と理論の試験をパスする必要があり、操縦者から見えない範囲に飛ばす場合は免許の取得に加え、一定期間の研修も義務付けられている。また、原発や群集の上空飛行は禁止されており、違反すれば最長1年の禁固や罰金に処されるという。

ある程度しっかりとした商用ドローンの規制が作られたことによって、多くの企業がドローン市場に参入しており、フランスのドローン関連企業は約１２５０社に上ると言われている。フランスの商用ドローンの市場潜在力を10億ドル（約１２００億円）と分析する専門家もおり、現在は農業においての利用が活発だ。２０１５年にエリノヴ社が農家向けに手配するドローンの飛行回数は、前年比4倍の延べ2万回に急増する見込み。ほかにも、レッドバード社はドローンを使ってフランス国鉄の鉄道路線をモニタリングしているという。

ドローンが続々と実用化されているわけだが、そんなフランスで最も代表的なドローンメーカーは、パリに本社を置くParrot社だ。もともとは音声を中心としたデジタル信号処理を手がけるメーカーだったが、現在はホビー用ドローンのパイオニア的な存在としてその名が知れ渡っている。特にミニドローンシリーズは有名。わずか55ｇの小さな機体ながらスワイプ操作ひとつで90度、１８０度のターンを行えるというアクロバティックなドローンで、同社の技術力の高さを端的に表していると言えるだろう。

Parrot社は、2015年第1四半期の売り上げが前年同期比で356%増を記録。ホビー用ドローンに限れば、前年同期比483%増という急成長を遂げている。同社のクリス・ロバーツ日本・環太平洋専務取締役を直撃した。

「フランスのドローン市場は、日本の市場にとてもよく似ています。弊社が作ったカテゴリーであるコンシューマードローン、つまり一般消費者向けのドローンというのが非常にうまくいっているのです。私たちの商品価格は高い競争力を持っており、99ドルから100ドルほど。飛ぶだけではなくて、さまざまな楽しみを与えるドローンを作っています」

Parrot社が大きく業績を伸ばしているのは、「Bebop Drone」の売り上げ増が最大の要因と分析されている。同機は日本でも2015年4月に、7万円台という廉価で販売がスタートした。残念ながら、Parrot社のドローンの具体的な出荷台数についてはリリースしていないとのこと。しかし、クリス氏は明るい表情でドローン市場の展望は「右肩上がり」と答えてくれた。

「出荷台数が右肩上がりであることは確かです。今後の展望についても成長しているマーケットなので、継続的に出荷台数は伸びていくと思います」

欧州初のドローンによる配送サービスを実現しようと真っ先に動いたのはドイツだ。物流・郵便大手ドイツポストＤＨＬ社が、２０１４年9月、自社のドローン「Parcelcopter」をドイツで初飛行させたのは一章にて前述した。ただ、ドイツの法令では、ＧＰＳを使ったドローンの自律飛行は許可されておらず、人による遠隔操作が義務付けられている。人口が密集する地域での離着陸、地上15ｍより上空を飛ぶことも禁止されているため、現在のルールに従えば配送サービスはかなり限定的なものにならざるを得ないと言えるだろう。

イギリスもドローンに関するスタートアップが比較的早い国のひとつだ。軍用以外でドローンを飛ばす資格を得ている企業は、２０１２年は約１２０社にすぎなかったが、現在は５００社を超えているという。イギリスでは民間航空局から飛行ライセンスを取得し、安全規定に従えば、ドローンを活用して事業を行うことができる。

同国のスカイ・フューチャーズ社は、２０１４年の事業成長率が７００％に達した。ホビー用ではなく、産業用ドローンに注力している同社は、ドローンを使って石油・ガス企業向けにデータを収集・分析する。現在、世界の主要石油化学業者30社あまりと取引を行っており、中東、北アフリカなどにも拠点を構えている。ちなみにアメリカのＦＡＡから民間ドローン企業として、初めて運営を承認されたのもスカイ・フューチャーズ社だ。イギリス上院は、ドローン産業がヨーロッパ地域において２０５０年までに15万の新たな職場を創出するとの見方を示しており、その期待は少なくない。

最近はイタリア、フランス、ドイツの３カ国が、偵察や監視を目的とする欧州独自のドローン計画を推進することで合意するなど、軍事においてもドローンが注目を集めているヨーロッパ。中国、カナダ、アメリカのメーカーがしのぎを削る世界のドローン市場において、今後ヨーロッパ企業が存在感を示せるかどうかに注目が集まっている。

世界最速!?　ドローン開発に国家の威信をかけた韓国

日本の隣国・韓国でも、ドローンのブームに火が付き始めている。韓国産業通商資源部によると、韓国のドローン技術は先進国の82・２％の水準で、世界的に見ても高い技術を所有する国家のひとつと言えるかもしれない。

それを象徴するのは、韓国航空宇宙研究院が研究・開発を進めてきた産業用ドローン

「TR-60」だ。韓国では政府が一極集中型で投資を行い、有力な開発団体をバックアップすることが多いが「TR－60」も例にもれない。全貌はまだ不明であるものの、〝世界最速〟という触れ込みもある。来年には一般利用のメドが立っているそうで、今後、世界市場に打って出る用意をしていると考えられる。

また、韓国唯一の玩具用ドローンメーカー・バイロボット社のドローンも、人気がうなぎのぼりのようだ。同社は2014年比500％の売り上げを目指しており、累計販売台数はすでに2万台を突破。韓国でも中国メーカーのドローンが販売されているが、国内市場の奪還は目前だという前向きな展望もある。もちろん、バイロボット社は海外にも販路を拡大。カナダやメキシコでもすでに販売開始されているそうで、米大手流通業者とも契約が間近だという。また、日本のバンダイグループともすでに独占契約を結んだと現地メディアは報じている。

アマゾンや独DHL社のような配達サービスについても、具体的な動きがある。韓国最大の物流企業CJ大韓通運が、緊急救護品運送を目的にドローンを投入するという報道があったのだ。運送用ドローンは「CJスカイドア」と呼ばれており、2014年下半期から約6カ月間、ドイツのドローンメーカーと共同で開発したもの。3kgの荷物を半径20km

内に、時速60㎞で運送できるという。もし実用となれば、韓国で配送用ドローンが初めて投入されることになる。

ＣＪ関係者は、「アマゾンやアリババなどのグローバル流通会社のドローン配送サービスにあわせて、ＣＪ大韓通運も物流システム全般の革新に力を入れている。現在、３台のスカイドアを開発し、今後は６台へと伸ばす予定」（ilemonde.com ２０１５年5月15日「ＣＪ、ドローンを利用した次世代配送時代を開いて」）と明かしている。

そんなドローンブームに乗り遅れまいと、韓国財閥企業もドローンに本格参入する構えだ。サムスン電子は２０１５年に入って、ドローンをはじめロボット、３Ｄプリンターなどの研究チームを新設。その研究チームはモバイル事業部に属するが、自立的な権限で独立的に運営されるという。サムスン関係者は韓国メディアに、デジタル家電や半導体分野の高い技術を所有するサムスンにとって、ドローンの開発は「それほど困難ではない」と語っている。

「早ければ２０１５年の下半期に、独自技術で作ったドローンを発表することができそうだ。サムスン電子は、すでにドローン開発に必要なセンサー、コア部品を保有しているので、製造するのはそれほど困難ではない。サムスンは現在、ドローンを通じて建物内部の地図を作る〝インドア・マップ〟事業も推進中。外部地図はグーグルマップ、MSマップなどがあるが、建物内部の地図はまだプラットフォームやサービスがないため、ビジネスチャンスがあると判断した」（ブリッジ経済　2015年3月22日「開発終えたハンファVS最高技術サムスン。100兆ウォンドローン市場先占戦争」）

ハンファグループも韓国国内のドローン市場で優位に立とうという姿勢を見せている。最近になってサムスンテックウィン社を買収。同社はロボットや映像分析に関連する研究員80人余りを投入して、独自の技術でCCTVを内蔵したドローン「キューブコプター」を開発。国内外の特許出願を完了している状態だった。ある韓国メディアに対してハンファ関係者は、「既存の国防用の無人機技術にサムスンテックウィンの映像処理と精密制御技術などを加えて、中長期的に無人システムと最先端ロボット事業分野に積極的に進出する」（イーデイリーニュース　2015年3月31日「ソフトウェアなき韓国ドローンに未来はない」）と話している。

サムスンやハンファなどの財閥企業がドローンに着手したことで、韓国国内でも関連事業の開発が活性化されるとの見方が強い。韓国国内のドローン市場の規模は約1000億ウォン（約100億円）と推定されており、各国のドローン市場と比べると決して大きくはないが、グローバル展開を得意とする韓国メーカーだけに、世界市場に影響を与える企業が登場してもおかしくはない。

ただ、韓国はルール作りや規制の面では、相対的に進んでいるとは言えない。韓国の航空法はドローンを有人航空機の一種と見ており、制度が設けられているのは12kg以下の軽量ドローンに対してのみで、中・大型ドローンにはなんら規制が定められていないのが現状だ。韓国でドローンを使って撮影する場合、地方航空庁に申告して、国防部と首都防衛司令部の許可を得なければならない。それでも許容される周波数は10mwで、その周波数では100~200m程度しか操縦することができないということになる。また、韓国の航空法施行規則第68条の第1項には、「無人飛行装置（ドローン）の操縦者は無人飛行装置を肉眼で確認できる範囲内で操縦しなければならない」と明記されており、周波数の問題が解決したとしても、実用化に向けてはさまざまな制度的な厳しさが残っている。

それでも2015年4月26日には、サムスンライオンズとロッテジャイアンツのプロ野球中継にドローンが利用されるなど、ドローンが一般的に浸透しつつあるのは事実だろう。韓国政府も自国のドローンの現状を認識していると考えられ、国土交通部は無人機専用空域、安全運用基準を作って飛行許可の手続きの簡素化を目指しているし、国土交通部と産業通商部は協力して2015年内にドローン特区を指定する方針を明かしている。

ドローン産業が期待を集める最大の理由

グーグル、インテル、アマゾン、サムスンなどなど、グローバル企業がこぞって参入しているドローン産業。CBインサイトによると、2014年にベンチャー・キャピタルがドローンカテゴリーの事業に投資した額は1億8000万ドルに上っている。

また、中国DJI社と米ベンチャー・キャピタルのアクセル・パートナーズは2015年5月末に、ドローン市場の革新と成長を推進するための基金「SkyFund」を設立。SkyFundは、ドローン開発者の活動とドローンを使ったサービスの普及を支援するという。機械知能、ソフトウェア、ロボット工学などの事業に約25万ドルを投資するそうだ。米紙ニューヨークタイムズによると、両社はSkyFundにそれぞれ500万ドルを出資する予定。DJI社がアクセル・パートナーズから資金調達をしたことは前述した通りだ。

それにしても、なぜこれほどまでにドローン産業は注目を集めているのだろうか。世界の企業がドローンに注目する理由のひとつとして考えられるのは、空撮、農薬散布、監視モニタリング、調査マッピングをはじめ、災害対策、警備、人命救助、物資配送など、幅広い用途に用いられているドローンの汎用性という点についてはすでに触れた。その活用における自由度の高さは、ドローンの活動領域が空中であるということはもちろん、さまざまなペイロード（搭載物）を組み合わせられるところにあるだろう。カメラを搭載すれば空撮機に、商品を搭載すれば配送機にと、ドローンはペイロードによって多様な姿に変貌する。

ただ、ドローン産業がこれほどまでに期待を集めている最大の理由は、ドローンを進化させるソフトウェアにあると言えるかもしれない。ソフトウェア次第でドローンのビジネス領域は、エンターテインメント、スポーツ、テーマパーク、舞台芸術、不動産、広告、報道、福祉と無限大に広がるからだ。ドローンが次世代の大きなコンピューター関連のプラットフォームになると考える傾向もある。

実際に、現在はドローンのハード面が注目されているが、今後はドローンのOSシステムやAI、アプリの開発に力が入れられていくとの予想も少なくない。

特にドローンのプラットフォームとなるドローン向けOSは、熾烈な覇権争いを繰り広げていくことになりそうだ。OSのシェアは、PCにおけるマイクロソフト、スマートフォンにおけるグーグルを例に挙げるまでもなく、業界をリードするための最も重要なカギとなる。

アメリカのAirware社は2015年4月、産業ドローン向けの専用OS「Aerial Information Platform」を発表。今回開発された専用OSを利用することで、インフラ点検、環境モニタリング、自然保護などに使われるアプリに必要な航空データを生成、分析できるそうだ。同社は、グーグル、ゼネラル・エレクトリック、インテルなどから出資を受けており、NASAと共同研究を行っているという。最初の企業ユーザーはゼネラル・エレクトリックで、彼らの膨大な顧客をターゲットにした展開も予想されている。

Airware社のCEOであるジョナサン・ダウニー氏は以前、MITで開催されたカンファレンスで「ドローンが今後普及していくためにはハードウェアの進歩だけでは不十分だ」と発言したことがあるが、今回開発されたOSによって、実際にメーカーごとの差異をも吸収できるプラットフォームを開発したことになるだろう。多くの企業が、ドローン時代のウィンドウズOSを目指しているわけだ。

また、アプリの開発もドローン産業を発展させる要となる。スペインのErle Robotics社は2015年5月、世界初となる「Ubuntu」を搭載したドローンを販売した。「Ubuntu」

とは、コミュニティによって開発されているOSで、誰でも無償で使用することができる。市販のOSに負けない使いやすさから世界中で愛用者がいるのだが、「Ubuntu」開発者をドローンの世界に引き込むことで、ドローン向けアプリの開発が促されると考えられている。OSやアプリの開発と発展次第で、「ドローン産業は近い将来10兆円産業になる」という予測は上方修正されるかもしれない。

これまで中国、カナダ、アメリカ、ヨーロッパ、韓国のドローン事情を順に確認してみたが、ドローン産業はとうに幕開けの段階を過ぎ、ひとつの産業として〝離陸〟していることがわかるだろう。どの国も次の〝飛躍〟を目指して世界市場で覇権を握るべく動き出しているのだ。

第三章　国産ドローンの開発とドローン特区

世界市場規模が確実に拡大していくだろうと目されているドローン産業だが、日本でも同市場に参入しようという企業が徐々に増え始めている。正式に調査された統計は見当たらないため、いくつかの周辺情報からその全体像を探ってみたい。

まず、国産ドローン開発の第一人者である野波健蔵教授が立ち上げた「自律制御システム研究所」（五章にて詳細後述）は、NECやソニーなど日本企業85社から技術および資金を得て、開発を進めているという。また、日本のドローン産業関係各所が連携して設立した「ミニサーベイヤー・コンソーシアム」（同）には、2015年現在140社ほどが参加している。

まずこれらの情報から、ドローン産業にすでに参入している企業、また何かしらの形でドローンを使った産業に参入したいと考えている企業が、少なくともそれだけあると予想することができる。

5月19日には、日立マクセルがリチウムイオン電池パックの分野でドローン市場に参入することを発表している。そのほかにも警備、撮影、建築現場などにおけるドローン運用、ホビー用機体の販売業者、保険会社、塗装業者などの参入も目立ち始めている。

例えば、世界2位の建設機械メーカー・コマツは、他企業に先駆けてドローンを使用した高精度測量作業を商品化した企業だ。使用されているドローンは米企業・Skycatch製である。作業精度についてはまだ賛否両論があるそうだが、作業工数を効率化、削減するという点については一定の評価を受けているという。

また、高齢者支援事業を行うMikawaya21は、シニア層への宅配サービスにドローンを活用する意向だ。全国的に法制備の問題が定まっていないため具体的なサービスを始めているわけではないが、２０１５年４月には徳島県神山町にて許可を得て、ＰＲ用動画の撮影を実施している。代表を務める鯉渕美穂氏は言う。

「もともと30分５００円で買い物サポートに伺うというサービスを行っていたのです。日用品を買って届けるという需要は多く、全国から問い合わせが来ています。ただ、人に頼むと申し訳ないからと諦めてしまう方も多い。そこで、いわゆる買い物弱者と呼ばれる方々に、ドローンを使って物をお届けできないかという発想が出てきました。通常の買い物サービスだと、山間部などでは迂回しなければならないのですが、ドローンであれば直線距離を飛んでいける。時間や業務の効率も非常によいですし、高齢者の方々の経済的負担も減らせると考えています」

今後は広告代理店や、ＩＴ系企業、カメラメーカーが、ドローン市場への参入を強めそうな気配である。加えて、米国では自作ドローンを意味する「ＤＩＹドローン」の市場拡大が期待されているが、日本でも同分野に進出する企業が増えるかどうか動向が気になるところだ。

２０１５年20日に行われた国際ドローンシンポジウムに登壇した経済産業省・製造産業局航空機武器宇宙産業課の飯田陽一氏は、日本におけるドローン市場の成長予測を次のように話した。

「年間の機器の出荷額ということになりますが、20年に年間１８０億円超えまでいくでしょうという大きな予測になってございまして、（中略）新しくつくられたインフラや老朽化したインフラの整備点検などに使われるマーケットが非常に大きく成長し、全体の３分の1を超えるシェアを占める形で急速に立ち上がっていくのではないかというふうに言われております」

一方、日本における、ドローンの機体販売市場規模については、某大手ドローンメーカー販売代理店関係者の証言も参考になりそうである。

「市場予測機関の調査結果などを見ると、日本では商用、ホビー用含めて、世界の10分の1くらいの販売量を期待されています。もし、販売額が言われているように10兆円になるとしたら、約1兆円が日本で流通するということです。ただし、日本はドローン使用に関するガイドラインが定まっていませんので、正直どこまで市場が拡大するか懸念が残ります」

さまざまな資料を総合した結果、市場予測にはばらつきがある。軍用や商業用、ホビー用などの無人小型飛行機を一括して予測を立てている統計もあれば、部品出荷やドローンの運用を含めていた統計もある。何をもってドローン市場とするのかというのは、非常に曖昧だという印象だ。ただひとつだけ共通していることがある。それは、市場が右肩上がりに拡大していくということだ。

ただ日本においては、すべてが順調というわけではない。国際的に比較した場合、日本はドローン開発や技術においては世界トップクラスであるものの、ビジネス面において後れをとっている感が否めないのだ。ビジネスに直結するであろう法整備もまたしかりである。

幕張で開かれた、国際ドローン展のシンポジウムに登場したＤＪＩジャパン代表取締役・呉韜氏は、自社製品であるファントムについて次のように話した。

「カメラはもちろん、バッテリー、モーターなど、このファントムの中には日本製のものが非常に多く含まれている。ほとんど〝純日本機〟ともいえると思います。日本の技術がなければ、高いパフォーマンスを誇るファントムは作れなかった。（中略）日本は世界トップのドローン開発技術を持っています。これらを生かせる法整備を実施していくことによって、世界をリードするチャンスになるでしょう」

日本の技術を利用して、世界に羽ばたいたアジアの新興企業は少なくない。ドローンで飛ぶ鳥を落とす勢いにあるＤＪＩもまた、そんな企業のひとつなのだろう。

呉韜のコメントは日本向けシンポジウムのリップサービスなのだろうか。ただ、もしそうでなければ、日本のドローン関係者にとってはかなり手痛いものとなる。

用途や価格がまったく異なるため単純に比較はできないが、ＤＪＩ社は２０１４年の時点で月間３万台のドローンを世界各地で販売しているという。２０１２年からの累計販売台数は１００万台を超えている。そして現在では、次のステージを目指し、産業用ドローンの開発に着手したという報道も聞こえてくる。

今回取材を進めた限り、産業用小型無人飛行機を製造している日本企業のうち、海外から発注が来ていたのは、自律制御システム研究所とヤマハ発動機の2社だ。ちなみに、ホビー用ドローンの国産メーカーはなかった。その販売台数を合わせても、おそらく年間１

000台に満たないだろう。研究やパーツ開発では最先端を行きながらも、ビジネス的にはすでに差がつきはじめている。

ここ数年、日本経済において、技術とビジネス展開における不均衡は悩みの種だ。家電製品やソーラー発電、電子書籍市場に続き、ドローン産業においてもまたその兆候が表れつつある。

日本のドローンは今、どのような岐路に立たされているのだろうか。

本章ではまず、日本のドローン開発の最前線を行く企業に話を聞きながら、その展望と課題、日本のドローン技術の現在地を探ってみることにしたい。なお、日本産ドローンの開発第一人者として知られる野波健蔵教授と、彼が代表を務める自律制御システム研究所については五章で取り扱うことにする。

セコムのドローンを使った警備サービス

アマゾンがドローンを使った宅配サービス構想を発表する約1年前の2012年12月。民間防犯用サービス分野でのドローン実用化を掲げ、小型無人飛行監視ロボットの試作機を世界で初めて公開した企業がある。日本で最も長い歴史を誇る警備保障会社・セコムだ。

前田修司前社長（現会長）は当時、メディアに対し防犯用ドローン開発の背景を次のように語った。

「セコムの50年の歴史は、常に、犯罪を減少させたいということにあった。そのためには、不審な自動車や犯人に近づくことが大事である。セコムの技術力に加え、世の中のインフラが整ったことで、小型飛行監視ロボットによる犯罪防止が実現可能であると考えた」（Ascii.jp×デジタル　２０１２年12月26日「世界初！セコムが自律型の小型飛行監視ロボットを開発」）

セコム社は同構想を実現すべく、研究・開発を順調に進めてきたようだ。２０１５年5月11日には、翌月6月からドローンを使ったサービスを開始すると正式に発表。メディアをはじめ、社会の高い関心を集めた。

２０１５年5月20日から幕張メッセで行われた「第一回国際ドローン展」では、そのセコムの警備用ドローンが一般にお披露目された。機体全体に、銀と黒の塗装を施されたシンプルかつシックなクワッドコプター（4ローターヘリ）。シリーズ3作目あたりの「ロボコップ」を連想させるドローンである。

そのセコム社の警備ドローンについて、海外メディアからは好評価を得ている。例えば、米ニュースサイト「コンピューターワールド」は、「多様なビジネスに提供されることが期待される」と報じており、一方、米セキュリティー専門ニュースサイトである「セキュリティーセールス&インテグレーション」は、「セコムはドローン以前から防犯用ロボット開発に着手していた」とその歴史に触れながら、今後のビジネスの見通しについて詳細に報じている。

そもそも、警備現場における実用化は、ドローン活用の大きな柱のひとつとして、国際的に期待されている分野である。セコム社のドローンは民間での使用を想定しているものの、すでに警察でドローンを導入している国もある。今後、逃走車両の追尾、犯人の顔や行動の特定、市街地パトロールなどの用途が想定されており、警備・防犯の精度向上や、警察官の死亡リスク軽減などのメリットが期待されている。

セコム社の発表によると、今回開発された警備用ドローンには画像認識、センシング、位置情報解析などの最新テクノロジーが搭載されているという。また、警備対象となる敷地を網羅するレーザーセンサーや、３Ｄマップ、ＧＰＳなど空間情報処理技術も駆使されており、的確かつ迅速にアクシデントに対応できるようになっているそうだ。

セコム社のドローンは、不審者や不審車両を発見すると撮影を開始する。このとき、迎撃されないように対象とは一定の距離を取り続ける。追い払おうとしたり、捕まえようとしても、逃げ回ってまとわりつく鳥や虫。表現が適切でないかもしれないが、おおよそそのような機動性を持ったドローンを想像してもらえるとよいかもしれない。

そうして得た顔や車両ナンバーなどの情報を、リアルタイムでセコムのコントロールセンターに送信するという寸法だ。なお、LEDライトも搭載しているため、夜間や暗い場所でも撮影が可能だという。なお法律上の問題があるため、飛行また警備範囲はクライアントの敷地内と限定しているものの、撮影した対象の逃走経路を警察に提供するなど、外部と連携を取ることも可能となっている。

研究責任者に聞く、警備用ドローン開発の真意

警備・監視用ドローン技術の最先端を行く企業に、直接話を聞いてみたい――。

そうして訪れることになったのが、東京都三鷹市にあるセコムIS研究所だった。IS

研究所は、セコム社の最新技術情報収集や技術戦略立案、新サービスを想定した技術研究、商品の基盤技術の開発などを手掛ける場所である。言わば、セコム社の頭脳といったところだろうか。今回、世間に公開された警備用ドローンの研究・開発も、このＩＳ研究所を中心に進められてきたという。

「イラッシャイマセ、ハ・ジョン・ギ・サマ」

研究所の分厚い鉄の扉を開けようとしたところ、スピーカーから発せられた機械音が訪問を歓迎してくれた。案内してくれた研究所の担当者によると、扉周辺には画像認識センサーがあり、顔を検知して自動的に挨拶をしてくれるのだそうだ。この認識技術が、警備用ドローンにも採用されているという。もちろん、ほかの社員が通過する際には、各社員の名前が呼ばれるのは言うまでもない。少し驚いた表情であたりを見回していると、研究スペースの一角にある会議室の方から声が聞こえてきた。

「こんにちは！」

今度は人間の男性の声だ。声の主はセコム社で常務執行役員兼ＩＳ研究所の所長を務める小松崎常夫氏。取材当日、警備用ドローンについて話を聞かせてくれることになっている研究責任者である。

「こちらにどうぞ。まぁ、ロボットと人間の話をしだしたら、最低でも5時間くらいはかかっちゃいますが……大丈夫ですか？　はっはっはっ」

こちらの緊張した様子を察してくれたのか、気さくに話しかけながら席に着く小松崎所長。一変、「なんでも聞いてください」と、真面目な表情でこちらを見つめた。早速、質問をぶつけてみる。まずは、ドローン開発の理由と沿革からだ。小松崎所長は言う。

「セコムには創業から続くミッションが3つあります。異常の早期発見、正確な状況把握、そして迅速な対処です。それらを実現するために、空からモノを見るという方法は非常に有効な手段だと考えていました」

小松崎所長は、監視カメラを例に説明してくれた。監視カメラは、現場において有効な道具であるものの、場所が固定されるという条件がある。そのため、見たいものを常に見られるというわけではない。ある意味、不確実性がある。防犯、防災などのサービスを提供する側からすると、見たいものをいつでも見たり、見たい角度から見るというのが最終的な目標となる。そうなると、ドローンの方がより理想に近い道具になるという。

「これは警備分野以外においても同じことが言えます。そのような判断があり、5年くらい前からドローン研究を始めました」

セコム社は現在、セキュリティーだけではなく防災や医療、高齢者向けサービスなど幅広い事業を展開している。そのどの分野においても、空からの視点は、非常に高い潜在力を秘めているという。

現在では、すでに警備用ドローンを開発するまでに至ったセコムだが、そもそも空からの視点の有用性を意識したのはなぜなのだろうか。その点について、小松崎所長は「とある企業との提携がきっかけ」だったと話す。

「セコムのグループ会社には、航空測量事業を行っているパスコという会社があります。パスコは1999年にセコムグループに入りました。その直後、私はパスコに出向して、常務取締役として技術部門など担当をすることになりました。そして、『空からものを見る』という点について、多くのことを気付かされることになります」

小松崎所長は、パスコに勤務していた当時、防災や行政、航空測量や空間技術情報など様々な業務に従事したという。またあるときは、某省庁の研究プロジェクトに参与しながら、広範囲の敷地に対して空から分析を行う事業も経験したそうだ。そしてそのような経験は、非常に多くの感動と、気付きをもたらしたと回想する。

「上空から撮影をしたり、いろんな機材を使ってセンシング、スキャンすると、地上にいたとき以上に多くのことがわかる。何か物事を大局的に判断する際に、これほど有用なものはないなというのが、私の率直な感想でした。その後セコムに戻り、6年前から研究所の所長をやっているのですが、自社サービスになんとか空からの視点を導入できないかとモヤモヤモヤモヤとしていたわけです」

そんな、セコム社の前に登場したのがドローンだった。

「空から状況を把握したり、異常を発見したりするのが有効であるというのは、グループ会社であるパスコが証明していましたし、すでに事業として提供していた。ただそれは、宇宙衛星やセスナから見た、かなり高い高度からの視点だったのです。個別企業のお客様のセキュリティでは、そこまで遠くから見る必要はなかった。そこに、ちょうどよい技術が出てきたのです」

実はセコム社は、無人小型飛行機を使った防災の仕組みをかなり昔から構想していたそうだ。20年以上前には、某大手の高価なラジコンヘリを購入し研究をしたこともあったという。セコム社には常にサービスを更新していくため現状打破というモットーがあるため、研究所でもその時々の最新技術をサービスに適用できないか日夜アンテナを張っているのだそうだ。

「ドローンがあったから使おうという発想ではなく、求めていたサービスにドローンが適していたからこそ研究を始め、採用を決めたというのが正しい答えになると思います」

セコム社の警備用ドローンについては、5月中旬の時点で100件以上の問い合わせがあったそうで、その後も順調に数が増えているという。外資系巨大ＩＴ企業が知名度を上げていることもあってか、ドローンについては海外の動向が取り上げられることが多い。ただ、彼らよりも先に実用化に向けて研究・開発を重ねてきた日本の企業は少なくない。セコム社は、間違いなくそんな企業のうちのひとつである。

ドローン採用のもうひとつのメリット、人間の力を活かす

セコム社がドローンの採用に積極的な理由がもうひとつある。小松崎所長は次のように付け加えた。

「人間の労力を無駄に浪費させないというのも、ドローン採用の大きな理由です。これは、ロボットやテクノロジー開発全体に言えることで、ドローンに限ったことではないのですが……。産業用ロボットの実用化は、常に人件費削減や経営の効率化の問題として議

論されがちですが、人間にとって決してデメリットだけがあるわけではありません」
この部分については、少し補足して説明することが必要になるだろう。ドローンをはじめロボットや最新テクノロジーを実用化しようとすると、必ずふたつの問題が持ち上がる。

ひとつは、安全性の問題。ドローンについて言えば、飛行面での安全性とともに、与えられたタスクをミスなく遂行できるかという、飛行能力以外の性能面で安全性が議論されている。また、犯罪やテロなどに悪用されてしまう可能性から、防犯や安全保障上の安全性もまた問われている。

そして、もうひとつの問題が、人間と共生できるか否かという問題である。映画『マトリックス』のような世界と言うと極端にすぎるが、経営効率化のために導入されたロボットが人間の仕事を奪うのではないかという問題意識は、経済的、倫理的な問題として常に提起されてきた。実際、米国ＦＡＡが無人小型飛行機に厳しい規制を課す背景には、有人飛行機を飛ばすパイロットたちから、強い反発があるからだという説もある。

小松崎所長が伝えたかったのは、そういうデメリットばかりがあるわけではないということだろう。逆に、ロボットやテクノロジーを実用化していくことは社会にとってメリットが大きいばかりか、必要不可欠なことになりつつあるという。

例えば、セコム社はオンラインセキュリティーシステムを日本で初めて導入した企業であり、その契約数は現在200万件を超えるそうだ。全国規模で見ると、6000万から7000万個のセンサーが警備対象となる建物などに設置されている。異常が発生するとコントロールセンターに情報が集まり、最終的に人間が判断して対応するサービスが構築されているという。

もし、その際、ロボットやテクノロジーの力をまったく利用しないとする。すると、ひとつの建物に5人以上の人力を割かなければならず、合計で1000万人以上の人手が必要になるという試算になるそうだ。実に、日本の総人口の10人に1人弱が、警備人材として働かなければならないということになる。

「やはり、最も大事なのは人間。その力を無駄に使うということは、企業としては正しくないという認識なのです。最終的な状況判断ですとか、人間の能力を発揮しなければならない局面は多い。そこでしっかりと人間の力を発揮するためには、やらなくていいことは自動化する必要がある。そのためには、人間とテクノロジーを繋ぐインターフェースをしっかりと作っていく必要もあるでしょう。いずれにせよ、人が中心にいて、その力をテクノロジーが増幅させる。ドローンは、そんな人間とロボットのあるべき関係性が、成立しうる分野ではないでしょうか」

ドローンは総合技術、飛ぶだけでは不合格

ドローン開発において経験やノウハウを積みあげ、今回サービスとして提供開始するセコム社では、機体の安全管理や法整備についてどのような考えを持っているのだろうか。

まず小松崎所長によると、現在巷で話題になっている墜落のリスクについては研究当初から想定してきたという。

「我々はドローン開発を進めるにあたり決めごとをしていました。それは、絶対に安全でなくてはならないということ。安全を提供する会社であるセコム社が、安全を脅かすドローンを開発するわけにはいきませんから」

ドローンにはその他にも懸念されている犯罪リスクがある、と小松崎所長は言う。例えば、ハッキングだ。現在のドローン技術を持ってすれば、飛行中に経路を再設定すること

は難しくないと言われている。プログラムを改竄されれば悪用される可能性もあるし、また機体自体の盗難も起こりうる。通信セキュリティーの分野に従事してきたセコム社では、そのような問題がドローンにも起こりうると予見。情報の秘匿性向上や、通信妨害を防ぐ技術が必須だと判断し、暗号専門チームの研究をドローン開発に活かしているという。

同様にプライバシー問題についても慎重だ。ドローンを警備に導入すると、不審者や現場の映像を撮影することになる。セコム社では、それが流出するのを防いだり、また写り込みなどから隣家のプライバシーを保護するための技術も、検討・採用している。

「ドローンやロボットは総合技術。墜落せずに飛ぶということも大切な技術ではありますが、それ以外にもクリアすべき点が多い。セコムには、ドローンの研究開発以前から蓄積された技術基盤がたくさんある。どういう問題が起きるか、またその問題をどのように防げばよいかについても、ノウハウが蓄積されている。そういうアドバンテージがあったからこそ、警備用ドローンを商品化できると自負しています」

そうは言っても、やはりドローンの普及が進めば、さまざまなトラブルが予見される。小型化や高性能化が進めば、活用の幅が広くなる分、予想もできなかったようなリスクが増えるのではないか。そう考えあぐねていた私に、小松崎所長は〝技術屋〟としての信条を明かしてくれた。

「新しいテクノロジーには、メリットとデメリットの二面性がある。例えばオレオレ詐欺ですが、携帯電話とATMという、私たちの生活に欠かせないテクノロジーがあるからこそ起きる犯罪なのです。実際、それを道徳や法律の問題として片付けるのは簡単です。ですが、技術屋としてはそれだけではいけない。暗号技術や、サイバーセキュリティー技術など、犯罪を起こさせなくさせる技術を磨かなければならないと思います。そのように、道具を悪い方向に使えないように作るとか、悪い方に使われたときにそれを防ぐ仕組みをつくるというのは、セコムにとっても重要な取り組みです」

ドローンを使った犯罪を防ぐために、技術的に常にリードを保ち切磋琢磨していく。犯罪にもっとも近い場所に身を置いてきたセコム社だからこそ、ドローンの犯罪利用のリスクについては一層敏感なのかもしれない。

次いで小松崎所長は、岐路にある日本のドローン産業の行方について考えを聞かせてくれた。世界的にはビジネスに火が付き始めているが、日本のトップランナーの意見はどうか。

「ドローンの規制問題は日本単独で考えられないテーマでもある。米、欧州など含め、世界規模で前に進んでいくことは間違いないでしょう。私たちは法律を遵守しますが、懸念しなければならないのは、日本がガラパゴス化すること。世界で可能なことが、日本の規制が厳しすぎてできないとなると、産業自体が健全に発展できない。日本の社会をより豊かに、より安全にできないかという目線で考えている企業が中心になって、技術は技術で客観的に高めていきつつ、悪用や犯罪は徹底的に取り締まらなければならないと思います」

すでにドローン技術を実用化の段階まで練り上げてきたセコム社にとっても、今後の法規制の行方は非常に重要だと考えているようだ。最後に小松崎所長に今後の法整備のあり方について意見を聞いてみた。

「研究を開始した5年ほど前、ドローン関連の法規や条例をすべて調べてみました。すると、何もなかった。正直、すごく緊張しましてね。というのも、規制がないということは世間がその存在を想定してないということで、最初の一歩が非常に大事になってくる。今後、ドローンについては法整備が進んでいくと思いますが、そこで基準となるべきは〝社会から見た正しさ〟だと思います。もちろん、犯罪抑止やリスクヘッジも正しさのひとつですが、技術革新やイノベーションが起きやすい環境をつくるというのも正しさのひとつです。それが両立されるような柔軟な法整備が重要になってくるのではないでしょうか」

空からの視点の追求、〝ドローン以後〟の可能性

警備用ドローンの実用化に成功したセコム社は、〝ドローン以後〟もすでに見据えている。そのひとつが、警備用無人飛行船の開発だ。想定されている機体サイズは15mほど。ドローン同様に自律飛行を行う仕様だそうだ。また、9個の高感度センサーやカメラが搭載されており、ドローンより広い範囲の地域をモニタリングできるという。

当然、無人飛行船とドローン連携も視野に入れている。例えば、飛行船は地面に近づかず、より広域エリアを俯瞰して警戒し、何か異常があればドローンに指示を出して対処にあたるなどがそれだ。小松崎所長は、無人飛行の分野は国際的なスポーツ競技大会のような大規模イベントにも威力を発揮すると考えている。犯罪の抑止以外にも、混雑トラブルや急病人への対処など、空からの視点で解決できることは多い。

「最終的には、児童や高齢者の見守りなど、町内で小型飛行監視ドローンを活用するとい

う未来像を描いています。そうなると、敷地内だけではなくて、市街地などの上空を飛ぶことを想定しなければならない。最終的に、重要になってくるのはコミュニティーのみなさんが、ドローンが自分たちの生活を守るためのロボットだと了解してくれること。これから先、ドローンがなくなるということはないでしょうし、発展していくはずです。私たちは、みなさんが監視用ドローンに対して了解してくれたとき、すぐに実用化できるよう技術的な用意をしておきたいと考えています」

ロボットと人間は共生できるか。そしてそれは、どのような形が理想的なのか。ドローン産業の発展にとって不可欠なのは、技術やビジネスモデルよりもまず、その哲学的な問いに世論が答えを見つけることなのかもしれない。

余談だが、セコム社は内需型企業であり日本国内での売上高率は95％を超える。ただ、海外セキュリティー分野でも約72万4０００件の契約件数を誇っており、主に経済成長が著しいアジアの国々にノウハウや技術を輸出している。今後、海外への事業展開に期待が持たれている企業でもある。セコム社製のドローンが世界の空を警備する。そんな未来を想像するのは、少し気が早すぎるだろうか。

ＦＡＡが世界で初めて認可、ヤマハの無人小型飛行機

ドローンや、無人小型飛行機の歴史を語る上で欠かせない企業がある。二輪メーカーとして有名なヤマハ発動機である。ヤマハ発動機は、１９８３年から商業用の農業用小型無人飛行機の研究に着手。30年近く開発を続けてきた企業であり、同分野の世界市場においてトップの実績と技術を誇っている。

２０１５年5月1日、そのヤマハ発動機の技術が世界を驚かせた。

米連邦航空局（ＦＡＡ）が、ヤマハ発動機が開発した農薬散布用小型無人飛行機「ＲＭＡＸ」に対し、『sectoin333』を適用したのだ。この『sectoin333』の正式な表題は「SPECIAL RULES FOR CERTAIN UNMANNED AIRCRAFT SYSTEMS」。すなわち無人機運用における米航空法の例外措置を定めたものだ。また米国内における無人機の商用利用にあたり、機体の安全性や性能、合法性を保証するガイドラインという性格がある。わかりやすく言えば、米国で無人機を商用利用してよいという正式な認可である。

米国が無人飛行機の商用利用については、非常に厳しいことは前述した。２０１５年5月28日現在、『sectoin333』は４５５の申請に対して適用されているが、農薬散布用小型

無人飛行機として適用が決まったのは、今回が初めてだという。これは、ヤマハ製の機体が米国の厳しい審査を通過し、世界のドローンに先駆けて、農業分野における小型無人飛行機の実用化の道を開いたことを意味する。

今回のFAAの決定には、米国のドローン関係者も大きな期待を寄せている。

ヤマハ発動機の認可を後押ししてきた米国際無人機協会（AUVSI）代表ブライアン・ウィン氏は、米メディアに向け「今回のFAAの適用は、無人機が米国の産業にもたらすであろう利益を気づかせる上で重要な一歩になる」と指摘。今後、「農業分野における、無人機の潜在力に注目が集まるだろう」ともコメントを残した。またABCニュースのウェブサイト「ABC30」は、「ドローンは農業生活を変える」というテーマでヤマハの無人機を紹介。「今後、FAAが他の農業用ドローンにも認可を与えることを期待する」としている。

米国初認可となったヤマハの農薬散布用小型無人飛行機。その開発の裏側には、どのようなストーリーがあったのだろうか。その歴史と困難、海外への普及事情や、今後の見通しなどを含め、開発担当者に直接聞いてみることにした。

日本政府のプロジェクトとして始まった無人機開発

取材場所となったのは、静岡県磐田市にあるヤマハ・コミュニケーションプラザ。ヤマハ製の二輪車や、他社と共同開発された高級車などが展示されているショールームだ。もちろん、ヤマハが開発した農薬散布用小型無人飛行機も展示してある。

ちなみに、ヤマハでは自社で開発した機体については、ドローンという呼称では呼んでおらず、産業用無人ヘリコプターという名称で統一している。

「最近、ドローン関連の取材で来ていただくことが増えて非常にありがたいんですが……。なにせドローンという言葉は軍用標的機のイメージが強いので」

ヤマハ発動機UMS事業推進部開発部長と、日本産業用無人航空機協会理事を兼任する坂本修氏は、取材の冒頭で定義の違いについて説明してくれた。坂本氏は小型無人機開発に長らく尽力してきたエキスパートである。

「弊社製品とドローンとの違いを説明するのであれば、我々が開発しているのはシングルローター式だということですね。シングルローターヘリを開発するためには、飛ぶ原理や機体全体のことを理解する必要がある。例えば、航空力学とか機械力学とかですね。比べて、ドローンやマルチコプターは、モーターやプロペラ、制御ソフトさえあれば、飛行に関する知識がかなり少なくても飛ばすことができます」

また、ヤマハ発動機が開発しているシングルローター無人機は、一般のドローンに比べてサイズが大きい。フェーザーという機体は全長が3・6mで、積載重量は30kg。連続飛行時間は1時間。動力はガソリンエンジンだ。

「ドローンのように電動だと、さすがにそこまでは難しい」

なお、ドローンの最も大きな特徴のひとつは自律飛行だと言われているが、ヤマハのシングルローターヘリも自律飛行が可能な段階にあるという。

製品の差を一通り説明してもらった後、早速本題に入る。ヤマハ発動機は、なぜ無人飛行の分野に進出したのだろうか。坂本氏は言う。

「もともと、この農薬散布用無人機の開発は、1980年に農林水産省が打ち出した政府のプロジェクトだったんですよ。当時、有人ヘリコプターで農薬散布をしていたのですが、ちょうど減反政策や市街地の拡大していた時期でした。いずれ有人ヘリは使えなくなるだろうということで、小型無人機開発の議論が始まったんです」

また当時の日本では少子化と高齢化、若者の農業離れによる過疎化が問題として浮上しつつあった。政府の立場からすると、農作業や米作りに支障が出ることは避けたい。そこで、外郭団体である農林水産航空協会に研究助成金を出して、有人航空機の補完用として、農薬散布用の無人航空機開発に乗り出したというわけである。

当初、開発の先陣を切っていたのは神戸機工。二重反転式ヘリが仕様として策定され、研究開発が始まった。が、目に見える成果を得ることができず。その後、ヤマハが政府に開発委託を受け開発に着手したそうだ。ヤマハ発動機は、1987年に世界初の産業用無人ヘリ「R50」の開発に成功し、翌1988年から本格的に販売を開始している。

「展示してあったフェーザーをご覧になりましたか？　デザインがバイクみたいですよね。ヤマハで作った無人機がなぜああいうデザインかというと、新しく農業を担う若者に誇りを持ってほしかったからなんです。最新技術を駆使した無人飛行機を飛ばして農作業をする。その飛んでいる機体もかっこいいとなれば、農業のイメージも変わると考えました」

坂本氏の話を聞いていて、非常に興味深かった点がふたつある。

ひとつは、当時の国際社会では、日本政府のように農業に無人機を導入しようとした例が見当たらなかったこと。そしてもうひとつが、日本国内において、産業用無人機の需要がなかったという点である。

「販売当初はまったく需要がありませんでした（笑）。それにはいくつか理由がある。そもそも、農業分野はリスクヘッジに敏感です。なにせ、失敗すると食べる物ができなくなるわけですから。また農薬散布となると、防除効果や残留農薬の影響が消費者に直結する。無人機が食の安全を確保できるかどうか、業界が非常に懐疑的だったんですね。現在、ドローンの安全性が問われていますが、農薬散布用無人機の分野では35年前から、すでにその議論が始まっていた」

例えば、農薬散布用無人機を実用化するとなると、少なくとも地上機で散布したものと同等の防除効果が得られなければならない。また、残留農薬の問題があるため、農薬と作物、機体の組み合わせに不都合がないか徹底的に調べる。

この事情はどの国でもほとんど同じなのだが、日本の場合特に厳しいという。ひとつの農薬につき、最低2年くらいかけてテストが行われるそうだ。

「米国のワイナリーだと年間10回くらい散布する。その都度、農薬が違いますし、ワイナリーによっても異なる。日本ほど厳しくはありませんが、それぞれ効果があるのか試験工場でテストして実用化までもっていくのです。もちろん、新しい農薬が開発されれば、その都度テストします。それで改良が必要となったら、農薬を改良したり、機体を改良しながら、組み合わせをじわじわと摺り寄せていくんです。米国や豪州だと、州ごとに認可制度が異なる。ひとえに無人機の認可と言っても、気が遠くなるような作業ですよね。また農薬の問題以外にも、クリアしなければいけない問題は多々あります」

現在、ヤマハ製の農薬散布用無人機は、日本国内で約2700機が導入されており全圃場（水田）の36％に散布を行っている。また、韓国で200機、オーストラリアで十数機が導入されているという。年間販売台数は300機ほどだが、今回米国で認可が下りたことから市場のさらなる拡大が期待されている。坂本氏はそのような現状も、30年以上にわたって培われてきたものだと話す。

「最初は事業として採算を考えられる次元ではありませんでした。そこから、無人小型ヘリを安全かつ効率よくビジネスとして成立させられる枠組みを、農林水産省と農林水産航空協会、そして我々の三者でひとつずつつくっていったんです。もちろん、ＪＡや全農との協力も不可欠でした。その積み重ねで現在に至っているというわけです」

これもあまり知られていない事実だが、海外で農薬散布に無人機を使っている国は、ヤマハが進出した地域だけだという。ヤマハ発動機は、競争相手がいない孤高な研究開発の道を一歩ずつ歩んできたことになる。

「実は、我々の会社では何か早くやり過ぎてうまくいかなかったものも多いんです（笑）。無人機については、時代が受け入れはじめたので幸運だったと言えるかもしれません」

そう考えると、米国でヤマハ製の農薬散布用の無人小型機が初めて認可されたというのも、ある意味必然に思えてくる。社会的問題の解決への取り組みと、地道な研究、そして産業化への弛まぬ努力、加えて技術革新とドローンブームというタイミングが、今回のＦＡＡ認可へと繋がっていったのである。

ＦＡＡの認可はまた、日本が商業用無人飛行機の分野においてパイオニアだったということと、ヤマハ社が未知の領域を切り開くために多大なコストと熱意を割いてきたことの証明でもある。

ヤマハ発動機の教訓、ドローン実用化に必要なこと

そんなヤマハ発動機の経験は、日本のドローン産業の躍進にとって大きなマイルストーンになるのではないだろうか。そこで坂本氏に、ドローンの普及に必要な課題について聞いてみることにした。坂本氏がまず指摘したのは、飛行能力以外での技術力についてだっ

た。

「農薬散布に限って言えば、機体の飛行性能以外にも、農薬散布のためのアプリケーションや機器の開発が進まなければいけません。重要度の割合で言うと、6対4でしょうか。それほど、農薬散布は難しい」

前述したが、農薬散布用無人機には防除効果や残留農薬の問題をクリアすることが求められる。撒き方にムラがあってもいけないし、撒き過ぎもまた問題となる。また、ただ撒けばよいというわけではなく、しっかりと吹き付ける作業が必要になってくる。

ヤマハ発動機の無人機は、農作物の頭上3mから5mを飛行しつつ、メインローターから噴き出る風を使って吹き付けを行うそうだが、その部分を技術的に実現するのに多大な労力を要したそうだ。

「これは、農家にとっては非常に大きな問題なんです。お米は、地域の米を集めて、農協さんのライスセンターに納品し、残留農薬検査をするというプロセスを経ます。もしそこで引っ掛かれば、何十t、何百tという米を廃棄しなければならない。そうなった場合、一体誰の責任なんだということになる。それを防ぐためにも、現場の声に耳を傾けながら技術を高めなければならないのです」

坂本氏のこの指摘は、セコムの小松崎所長のそれと近い。同じドローンといえども、実用化するとなれば各々の用途で起こりうる問題を想定しつつ、技術開発を進めていく必要がある。「飛行性能＋α」がこれからドローン技術には求められるのだ。同時に、飛行の安全、食の安全、プライバシーの安全など、さまざまな安全性を考慮しなければならないだろう。

続けて、坂本氏はふたつ目の課題を指摘した。それは、無人機を使ったビジネス全体を動かす仕組みを考えなければならないということだ。

「技術革新が起きたとして、それを趣味の領域で使う分には何ら問題はありません。ただし、産業やビジネスとして成立させるためには、すべてパッケージで考える必要がある」

坂本氏がパッケージと表現したものは、社会的なインフラストラクチャーと言い換えることができる。ドローンについて言えば、性能認定や登録、点検・整備の仕組み、教習の制度、保険の問題などをセットで考えていかなければならないという指摘である。

「また、その分野を職業とする人材を育てることも不可欠。農薬散布を例に挙げるならば、無人機を使用した防除を専門にやる人を職業として成り立たせてあげなければならない。他にも、整備する人、教習する人も、片手間にやらすわけにはいきません。技術習熟度が高い人的資源がなければ産業として成長が難しいし、リスクヘッジにも懸念が残る。これは、ビジネスモデルとしての課題でもあり我々も苦労しているところです」

ちなみに、ヤマハがＦＡＡに認可を受ける際に決め手となったのは、このパッケージだったという。

「ＦＡＡには、日本でひとつずつ精査していった点検整備マニュアルや、整備士を指導する要領などを英訳して提出している。教習ひとつとっても、まったく無人機を触ったことのない人が短時間で散布できるようになるために、技量なり知識を与える方法を模索しなければならない。そこが難しい点なんです。つまり、機体だけではなく、それを使う人材をどう教育、指導するかまで提示して、晴れて認可となった。ある意味、有人機の簡易版ですね。やはり、システム全体として提示しなければ認可は難しかったでしょう」

ドローン産業全体の設計図を描き、その細部をひとつずつ埋めていく。途方もなく時間がかかり、複雑な作業のように思えるが、ドローンを産業化するのであれば避けては通れない道のようである。そして、そのスピードをどう速めるかが、グローバル経済における日本のドローン産業の位置を決めるかもしれない。

最後に、セコム・小松崎所長同様に、坂本氏にも今後の法整備の問題について意見を聞いてみた。

「今ちょうど規制の話が出ています。ドローンを実用化したい側は何でもできるって言いますし、リスクを懸念する側はとにかくダメという論調。噛み合っていない印象です。個人的には、社会が許容できる範囲を示すのが規制だと思うんですよ。車の制限速度で考えてみてください。本当に人にリスクがないスピードだと5～10㎞／hが精一杯。でも、それじゃあ、物流に支障をきたしますし、社会が成り立たない。そのために社会が許容できる線引きをするのが規制なんです。実際、ドローンについてはかなり厳しい規制でスタートすると個人的に想像しています。ただ、何もないよりいいこと。そこから、変えていけばいい。無人地帯しかダメなら、そこで実績を作って徐々に枠組みを変えていく。そういう作業を地道に続けなければ、産業としての発展というのはあり得ないと思う。一足飛びに、どこかのイベント会場で飛ばしたいという話になっちゃうと、世の中や技術もまったくついてこない。まずはできることからはじめる。ヤマハ発動機も、関係省庁や日本産業用無人航空機協会など関係団体と連携しながら、一歩ずつ歩を進めていこうと考えています」

技術の発展は問題意識を生み、問題意識は規制を生む。そしてさらなる技術の発展が規制を変え、人々の生活を豊かにする。ドローンは今、ちょうどその入り口にいる。

「できることから始める」

無人飛行の分野で30年以上も技術とノウハウを蓄積してきたヤマハ発動機と坂本氏の言葉は重く、そして正しい。千里の道も一歩から。つまるところ、今も昔も世の中を変える方法にショートカットはないのかもしれない。

ドローン特区構想・地方創生の夢

ドローンに夢を託しているのは民間企業だけではない。日本政府もまた、ドローン開発には多くの関心と労力を注ごうとしている。その日本政府のドローンに対する動きを説明するためには、まず日本とロボット産業の現在から俯瞰しなければならないだろう。

「日本再興戦略」の一環として設置された「ロボット革命実現会議」は、2015年1月23日に行われた最終会議で、安倍首相に「ロボット新戦略」をまとめたレポートを提出した。

この「ロボット新戦略」では、日本を「世界のロボットイノベーション拠点」「世界一のロボット利活用社会」にし、「ＩｏＴ（Internet of Things）時代をリード」するという戦略のもと、最終的にロボット革命を達成しようという目標が定められた。

経済的には、ロボット産業の発展を促し、5年後の2020年までに、現在の4倍・2兆4000億円の市場規模に拡大させようという目標が掲げられた。実は、日本政府がロボットだけの長期戦略を作ったのは、今回が初めてとなる。安倍晋三首相も「今年はロボット革命元年だ」と、産業の重要性を強調しているが、並々ならぬ意気込みが感じられる。

この「ロボット新戦略」が発表された背景には、日本を取り巻いた複雑な国内外の環境がある。日本はまだ産業用ロボットの年間出荷額、国内稼働台数ともに世界一のロボット大国である。ただ、欧米はデジタル化・ネットワーク化を用いた新たな生産システムを導入することに積極的であり、また中国などの新興国もロボット投資を加速させている。日本としては、いつロボット大国としての地位が脅かされるかわからないため、国を挙げて産業を後押ししていこうというわけである。

加えて、日本では少子高齢化や老朽インフラの整備という社会的課題がある。それをロボットの力を活用して解消していこうというのが、「ロボット新戦略」の骨組みである。

これは、日本政府が今後、ロボット開発に本腰を入れるという決意の表れでもある。

その全体図としてのアクションプランには、「ロボット革命イニシアティブ協議会（Robot Revolution Initiative）」の創設、「次世代に向けた技術開発」「標準化、実証フィールド整備等」「ロボット関連規制改革の実行」などが挙げられた。

わかりやすく言えば、知能を結集し、技術開発を進め、国内外問わず実用化するための準備・実験をする環境を整え、法律も同時に整えていこうということだろう。そのアクションプランのひとつ、「ロボット関連規制改革の実行」の中には、「無人飛行型ロボットのためのルール作り（航空法等）」という項目が明記されている。これは、ドローンのような無人飛行機の実用化を想定していることは想像に難くない。

他のロボット技術同様、ドローン技術についてもまた、日本政府が積極的に後押ししようとしていることがうかがえる。

そんな、日本政府のテコ入れと歩調を合わせるように具体的な動きも見え始めている。

内閣府の地方創生推進室は、２０１５年1～2月に「近未来技術実証特区におけるプロジェクト」を募集。遠隔医療、遠隔教育、自動飛行、自動走行等の分野に意欲的な自治体や民間から企画や提案を募った。この自動飛行にかかわる実証特区の指定は、いわゆるドローンのために規制が緩和された「ドローン特区」の先駆けになるのではないかと関係各所からは期待が寄せられている。プロジェクトの中心となるのは、平将明内閣府副大臣と小泉進次郎内閣府政務官だ。

近未来技術実証特区設置の経緯について、内閣府地方創生推進室・次長の藤原豊氏は次のように説明する。

「政府では2013年から規制緩和の突破口として国家戦略特区の議論を進めてきました。すでに6地域が指定されましたが、2014年末に地方創生特区という形で国家戦略特区の2次指定をやろうという動きが始まりました。その特区は『ワクワクするような新しい技術』を目玉にした、近未来技術実証特区プロジェクトです」

1カ月という短い募集期間にかかわらず、この特区の指定を受けるため、自治体と事業者を合わせて143主体、70件の提案が殺到した。うち、ドローンに関する提案は約30件にも上ったという。

「民間、自治体のドローンに対するモチベーションは非常に高いと痛感しました。たった1カ月の応募期間に、これほど周到に用意された提案が集まるとは、正直予想以上です」

提案されていたプロジェクトの中には、ドローン特区実現に向けて、国有林野や被災地を活用しながら、10km四方の土地を実証地域として確保する案などが出ている。実際は電波法や航空法のほか、細々した規制があるものの、特区という枠組みを使って、徐々に規制を取り払いながら、ドローン産業発展の礎にしていこうという方針が、政府、自治体、民間企業の三者の中で一致しつつある。

「アメリカも昨年、6カ所のドローン特区をつくりました。正直、クルマの自動走行などの分野はかなり引き離されていますが、無人飛行やドローンの分野はまだまだ追いつける。政府としても今、特区を設置して産業競争力を養えば、競争に勝てる可能性が高いと踏んでいます」(藤原氏)

一方、実際に応募した自治体はどんな期待を寄せているのか。今回の近未来技術実証特区プロジェクトに企画を応募した千葉県成田市の企画政策課の担当者は、次のように語る。

「成田市はもともと、国家戦略特区の対象区域に指定されており、すでにエアポート都市構想というものを打ち出していました。その一環として、成田国際空港の一部をドローンの実証実験のために提供活用できないかと考え、応募しました。やはり、先端技術の実証地域があることは、地域の活性化に繋がります。成田市は、日本一の国際空港を擁する日本の航空産業の中心地のひとつでありますので、自動飛行の技術の実験地として最適地であると考えております。日本を訪れる外国人のみなさんにも、空を飛ぶドローンを空港付近で見ていただき、ワクワクした気持ちで成田市を深く知ってもらいたい」

成田市のように、ドローンに肯定的なイメージを持つ地域が増えれば、ドローン産業全体の発展にも大きな影響を与えるはずだ。

その後、2015年3月31日には、無人飛行分野での実証特区、いわゆる〝ドローン特区〟として秋田県仙北市が内示を受けた。小泉進次郎政務官が、近未来技術実証特区の検討会で決定に言及した形だ。

秋田県仙北市は、かねてから「火山監視・遭難救助」「動物の行動範囲調査」「農業への活用」「森林育成への調査」「観光への波及」などを担当省庁に提案していた。今回の決定を受け、実際にはどのような動きがあるのだろうか。秋田県仙北市の企画政策課の担当者は言う。

「いくつかの民間企業からすでにドローンを使って何かしようという提案が来ています。まだ具体的に決まったことはありませんが、提出したような用途にドローンを活用できるのではないかと期待しております。なにより、ドローン特区になったことで、注目されることはたいへん嬉しいこと。今後、コンペや国際会議などが行われれば、秋田県全体への観光客誘致にも繋がると思います」

これまで見てきたように、ドローン産業は官民問わず、日本の多くの関係者から注目を集めている。それは、単純なブームからではない。企業にとっては地道に続けてきた先端技術開発の成果の見せどころであるし、日本政府にとってはロボット産業活性化の旗手となりうるからだ。

日本のドローン産業は、このまま順調に発展していくのだろうか。それを占うためには、どうしても避けられない問題がある。ドローンと関連した法整備の問題である。

立ちはだかる法律の壁

２０１５年に入り、ドローンを巡る法整備に社会的関心が高まっている。ドローンが販売開始された当初から、関連団体やメディアを中心に法整備の必要を迫る声は少なくなかった。ただ、２０１５年4月9日に起きた「首相官邸無人機落下事件」直後から、議論が一気に高まりを見せた印象がある。そしてその様相は、ドローン産業を立ち上げようという関係者の希望とは少し距離がある。

同事件で犯人として逮捕されたのは、福井県小浜市在住の無職・山本泰雄被告。罪状は威力業務妨害罪だ。東京都港区の駐車場から放射性物質を含む土砂を入れた容器や、発炎筒を載せたドローンを操作首相官邸の屋上に落下させ、その後職員が機体を発見したことで起訴に至っている。

また長野・善光寺でドローンを落下させた15歳の少年の事件もまた、ドローン法整備の議論に拍車をかけた。少年は、善光寺の後にも、東京の国会議事堂や浅草の三社祭でドローンを飛ばそうと計画。警察に再三注意されていたが聞き入れず、最終的に、こちらも威力業務妨害罪で逮捕されてしまった。

ここでは、ふたりの人となりに詳しく立ち入ることは避ける。が、ふたつの事件がドローン犯罪やテロ、また生活を脅かす脅威になるのではという不安を、日本社会に広く与えたことだけは間違いない。実際、事件の影響を受け、各自治体はドローンの飛行禁止区域を設定したり、改めて周知しはじめている。

まず、東京都は都立の公園・庭園すべてにおいて無線操縦機の飛行を禁止しているが、首相官邸の事件を受けて、改めてその決定を周知しはじめた。また山梨県では、後藤斎知事が県都市公園条例に抵触するとして、ドローン飛行を「原則として禁止」する旨を伝えている。２０１５年5月24日付の読売新聞によれば「47都道府県と20政令市のうち、約半数の32都県・政令市」が、人が集まる公園や観光地、県庁などでのドローン使用を禁止することを検討しているという。

また5月13日には、自民党から首相官邸や皇居、国会、最高裁付近での飛行を禁止する法案が提出された。違反者に対しては1年以下の懲役か50万円以下の罰金を科すという内容である。同法案では、政党事務所や各国大使館なども必要に応じて対象とすることが、できるようになっているという。加えて、政府ではドローン購入時の登録義務も検討しているという。

ドローンに特化した関連法規はまだ成立していないが、これから徐々に検討・成立していく見通しである。また、ドローンと関連した法整備には、新たな法律の施行とともに、現行法を調整する必要性も含まれる。現行法の中にはドローン使用が違法になる場合がある。ここでは、現状で抵触する可能性のある法律をいくつか紹介したい。

まず、ドローンは現行の航空法では、模型航空機に該当する。そのため、地表または水面の上空２５０ｍ以上、航空路内の地表または水面の上空１５０ｍ以上の高度での飛行が禁止されている。２０１４年7月には、名古屋・栄のテレビ塔周辺で撮影していたマルチコプターが、繁華街に墜落する事件が起きた。後に、操縦していた名古屋市在住の30代男性が書類送検されている。その根拠となったのは墜落ではなく航空法違反だった。

次にドローンの使用は電波法にも抵触する恐れがある。現在、ドローンが使用できる無線の周波帯は正式に定められておらず〝グレーな状態〟だ。

２０１５年5月21日には、空撮会社「フライトエディット」と同社役員男性が書類送検されている。２０１４年11月３日に神奈川県大磯町で開かれた「湘南国際マラソン」で、総務相の免許を得ないまま5・８ギガヘルツ帯の電波を使用しようとした疑いだ。同社のドローンは大会当日に落下。40代女性が大ケガを負った。

電波法を管轄する総務省移動通信課の担当者からは、次のような指摘がある。

「技術基準適合証明が発行されていない機体だと、混信が起こって動作不良が起こる可能性も。また、無線ＬＡＮなどが密集している地域や利用環境では、混信が起こり不慮の事故が起こらないとも限りません」

ヒューマノイドロボットの安全性問題、またネットワークロボットや防犯カメラ・監視カメラとプライバシー権などに詳しい花水木法律事務所の小林正啓弁護士は、商用利用を念頭に置いた場合、ほかにも「法律的な問題がある」と話す。

「公道の上を飛ぶとなると道路交通法違反の可能性があります。警察はビルの清掃業者のゴンドラが道路にはみ出す場合にも同法の許可を必要としているので、ドローンだけ例外になるとは考えにくい。また、民法上土地の所有権の問題があり、他人の土地の上を飛ばすことは原則的には困難でしょう」

小林弁護士はまた「空撮では肖像権侵害も懸念されており、クリアすべき問題は多い」と付け加えた。

現在、日本社会で起きているドローン規制論や法整備の議論を見ると、話が非常に煩雑な印象を受ける。そこで、要点を少し整理したい。

まず今後の法整備については、ドローンに特化した法律を作るとともに、現行関連法を洗い出し、調整することが必要になってきそうである。前述したように、何が違法になるのか明確になっていない状況では、法律を遵守して趣味で楽しみたい人も安心して使用することができない。つきつめれば、ドローン文化の普及自体に大きな影を落とすことになる。

もうひとつ重要な点としては、「個人利用」と「商用利用」または「公的利用」などカテゴリーを分けて、個別に法律を設ける必要があるということだ。

今回、取材させてもらった関係者のひとりは、巷を賑わしたドローン墜落事件についてこう嘆いていた。

「何十年も技術開発を続けてきたプロは、安全管理にも敏感。法律も調べていますし、人様に迷惑をかけるような環境でドローンを飛ばしたりはしません。個人的には、むちゃをする個人と、真摯にサービス開発を行っている団体・企業とは分けるべきだと考えています」

実際、海外では個人利用と商用利用で、法運用のカテゴリーがしっかりと分けられている場合が多い。安全性の確保と、産業振興を両立させる柔軟な対応が求められている。これは、現場での技術開発とともに、日本のドローン産業を左右するひとつの大きな要素だろう。

国内外問わず、今回取材させてもらったドローン関係者が口を揃えるのは、「日本では1日でも早く規制が必要」ということだった。これは、飛ばすのを厳しく制限するという意味ではなく、ドローンを使っていい状況と環境を明確にするという意味である。言い換えれば、ルールの設定だ。おそらくドローン関係者たちは、ルールさえ定まれば、そこでビジネスモデルを構築し、産業化への第一歩を踏み出すことができると考えているのだろう。もちろん、安全性を高める技術開発を進め、その規制を少しずつ緩和させることができるという自信もあるはずだ。

目の前に立ちはだかる法律という壁をどう越えていくのか。それは、日本のドローン産業にとって大きな課題のひとつとなりそうである。

ところで、ドローンの法整備と関連して重要な点がもうひとつある。それは、今後ドローンがどう悪用されうるかシミュレーションすることだ。技術革新は同時に負の要素を生む。それは、もう避けられない事実である。それを先回りして考えておくことは、非常に重要なのでないだろうか。果たして、懸念される犯罪にはどのようなものがあるのか。次章では、少し想像力を膨らませて、ドローンと犯罪について考えてみることにしたい。

第四章　ドローンの犯罪利用の可能性

東京・虎ノ門にある駐日アメリカ大使館。その上空に1機目の物体が現れたのは、通勤の車で周辺道路が混み合う午前8時ちょうどのことだった。

近年のドローン犯罪多発を受けて、大使館警備を担うアメリカ海兵隊は万全の警戒態勢を敷いていた。日本政府にさえ秘密のまま設置された小型対空レーダーは、上空を監視する複数台の多機能カメラと連動。手の平サイズのドローンと鳥を素早く見分けられる性能を誇る。もちろん、海兵隊員らも肉眼による警戒を怠らない。

レーダーは飛来した物体が、市販されている中国製の小型ドローンであると認識。海兵隊員が妨害電波とアンチ・マテリアル・ライフルで、打ち落とす準備を整えた。この間、わずか2分ほどの動きである。

しかしドローンは、大使館敷地外の上空から、内部をうかがうようにしてホバリングしているだけだ。打ち落とせば、通行人や近隣の建物、民間人の車などに被害が出ないとも限らない。

もとより、平和な市街地に向けて発砲するなど、この国ではもってのほかである。海兵隊指揮官は外部を警戒する部下から、すでに見物人が集まり始めているとの報告も得ていた。

「日本の警察に対応を任せるしかない」

指揮官はマニュアル通り、警視庁が敷地外でドローンを打ち落とすのを待つことにした。

しかしその数分後、警視庁の応援も到着しないうちに、状況は激変する。10機もの新たなドローンがそれぞれ違う方角から飛来。あるものは1機目と同様にホバリングし、あるものは大使館周辺上空を旋回し始めたのだ。

見物人が騒然とし、近隣のホテルでは宿泊客の退避も検討され始めるなか、指揮官はある確信を強める。

「あれは市販のオモチャなんかじゃない。中身は何らかの目的を遂行するために、まったくの別物に改造されている」

市販品のデータでは、ドローンは無線LANで指令を受信して動き、その通信範囲は300m程度となっている。そのままの性能で、11機ものドローンにこんな動きをさせられるはずがないのだ。

そして、ドローンを操っているのが誰であるにせよ、その目的が攻撃的なものであるのは明らかだった。

しかし、部下に撃墜命令を下そうとしたその瞬間、指揮官の目にさらに信じられない光景が映る。同時に通信機のイヤホンから、驚愕を隠そうともしない部下の声が聞こえた。

「新たに10機、南西上空から編隊で接近中です！」……。

以上は政府関係の安全保障担当者や、その方面に詳しいジャーナリストから、「ドローンを使って、悪人に何をされたらヤバイか」を聞き取って構成した近未来シミュレーションである。

聞き取りでは「アメリカ大使館襲撃」以外にも、さまざまなストーリー（想定）を聞くことができた。その中で共通していたのは、「今、手に入るドローンの性能では〝画期的〟な犯罪を起こすのは難しいだろう」との意見だった。

それを受けて、シミュレーションの中ではドローンが「改造されている」ことにしたのだが、これもまた、まんざら現実離れした話ではない。

「あのオウム真理教もドローンを使った計画を考えていた」と指摘するのは、軍事ジャーナリストの黒井文太郎氏だ。

「実はオウム真理教も地下鉄サリン事件の前、高性能ラジコンヘリでサリンやボツリヌス

第四章　ドローンの犯罪利用の可能性

菌を空中から噴霧することを計画していた。当時は性能が悪く、計画は頓挫しましたが、現在では相当な数の人を殺せる量の化学兵器を搭載し、空中で噴霧することも難しくないと言われている。ドローン技術は日進月歩なので、大型爆弾を搭載できる日も近いかもしれない」

詳しくは後述するが、今、市販されているドローンを見ると、今後の拡張性を意識してか、新しい機能を加えやすい作りになっているように見受けられるのである。

ともあれ、ドローンが今後、どのような犯罪のどのような場面で使われるかという問題は、ドローンが持っている本質的な性格——人間が直接動く場合には不可能な、どのような行動を取ることができるか、という点に深く関わってくる。

本章では、これまでに発生したドローン犯罪の事例を分析しつつ、ドローンの普及にともない将来的にどのようなリスクが拡大するかを考えてみることにする。

フランス・サッカー代表ドローン盗撮事件

迷惑行為のような比較的軽いものも含め、これまでに発生したドローン犯罪を概観してみると、その内容はいくつかの類型に分かれる。

多いのはやはり、飛行できる特性を悪用した「侵入」「密輸」「盗撮」といったところだ。そして、これらが組み合わさったり、何らかの背景や目的が重なったりすることで、社会からの見え方や、その行為の持つ意味合いがさまざまに変化する。

例えば、２０１４年に開催されたサッカーW杯ブラジル大会で、フランス代表チームがホンジュラスとの初戦を控えて非公開練習を行っていた際、その様子がドローンによって盗撮されていたのではないか、と思われる出来事があった。

上空のドローンに気付いたフランス代表チームは、トレーニングを一時中断。ディディエ・デシャン監督は記者会見で、「盗撮されたことでホンジュラス代表にフランスの戦術が漏れてしまったのではないか」との懸念を表している。

この出来事が誰の仕業によるものなのかは、結局わかっていない。ドローンが本当に、フランス代表チームの練習を撮影していたかどうかも不明だ。

それでも、このときのドローンの動きは、フランス代表チームに確実に影響を与えている。一時的にせよトレーニングを中断させたこともそうなら、監督が「戦術の情報漏れ」を懸念せざるを得ない状況をつくったこともそうだ。

もっとも、デシャン監督の懸念がどの程度のものだったかは知る由もない。本当は大して気にしていなかったとすれば、影響は軽微で済んだことになる。しかし、監督の懸念が深刻なもので、本来の構想とは違った戦術を試合で採用せざるを得なかったとすれば、ドローンがフランス代表チームに与えたインパクトは、相当に大きかったと言うことができるだろう。

重要なのは、そのインパクトが「盗撮」されたことによって生じたというよりも、上空のドローンの存在に気付いただけで生まれたという点にある。

ひと言で「ドローンで盗撮が行われた」と聞かされると、犯人の目的は、他人のプライバシーや企業秘密などに関わる映像や画像を密かに入手することにあったのだろう、と断定してしまいがちだ。個人的な性癖から、他人の家の中や風呂場を覗こうとする輩の場合は、確かにそんなものだろう。

しかし、同じように「盗撮」という言葉でくくられる行為であっても、まったく別の結果を期待して行われることもありそうだ。フランス代表チームの一件は、そうした可能性を暗示しているとも言える。

つまり、特定の相手に対して「見ているぞ」「お前の秘密を知っているぞ」と暗に伝えることで、相手の行動に影響を与える——そんな「示威」性とも言える性格を、ドローンは発揮することができるということだ。

あるいは、ただでさえ関係が険悪化しているふたつの国のサッカー代表戦の直前に、一方の非公開練習が正体不明のドローンで覗き見られていたことが発覚したら、どのような反応が起きるだろうか。そして実は、そのドローンを操っていたのが両方の国とまったく関係ない、悪意を持った第三者だったとしたら……。

少し想像を膨らませるだけで、ドローンを悪用してどのような厄介事を起こせるか、その範囲の広さがわかってしまう。

盗撮よりも被害が大きい!? ドローンが持つ匿名性

フランス代表チームに対する「盗撮」のような事件が起きるのは、ドローンがある程度の「匿名」性を備えているからでもある。ドローンそのものの動きを相手に気付かれたとしても、誰が操っているかは簡単には露見しない——ネット掲示板の悪質な書き込みにも似たそんな特性が、ドローンには備わっているのだ。

市販の廉価版ドローンでも、操作用端末とドローン本体の通信可能距離は300mほどもある。建物などの遮蔽物のある市街地で、犯人とドローンの距離が100mも離れていれば、第三者がそれらを視野に捉えて関係性を認識するのは簡単ではない。

全国紙社会部記者によれば、「ドローンによる『盗撮』を立件するには、墜落するなどしたドローンを回収して販売経路を辿るか、あるいはドローンを操作しているところを現行犯で取り押さえなければ難しいのが現状」だという。これは日本に関する話だが、まず間違いなく海外でも同様だろう。

さらに、ドローンを回収できたとしても、それが盗難品であったり犯人のハンドメイドであったりすれば、捜査はより難しくなる。

こうした特性を悪用して行われているのが、ドローンによる違法薬物の「密輸」だ。飛行高度が低くサイズの小さなドローンは、通常のレーダーでは探知することができない。アメリカの麻薬取締局によると、2012年以来、アメリカとメキシコの国境付近ではおよそ150台のドローンが麻薬の密輸に使われたと推定されている。

具体的な例を挙げよう。2015年2月、アメリカ・カリフォルニア州と国境を接するメキシコのティファナ市で、依存性の高い薬物を積んだドローン（市販品）が墜落しているのが発見された。積まれていた薬物はメタンフェタミンで、通称「クリスタル・メス」。日本では覚せい剤取締法により禁止されているシロモノである。

このとき積まれていたメタンフェタミンの量は3kgで、ドローンはその重みに耐えられず墜落したと見られている。しかし、3kgのメタンフェタミンの末端価格は200万ドル（約2億4000万円）で、それを運んでいたドローンの市販価格は1400ドル（約16万8000円）だ。搭載重量のより大きい、もう少し高価なドローンを使ったとしても、密輸の「経費」としては破格に安い。

麻薬カルテルも期待するドローン技術

ティファナの国境付近では長らく、警察と麻薬カルテルが激しい銃撃戦を繰り広げてきた。そのような中、ティファナから国境の下をくぐり、カリフォルニア州サンディエゴへと延びた全長およそ500mの麻薬密輸用トンネルが見つかっている。

アメリカとメキシコの当局が2013年10月31日に発表したところによると、トンネルの深さは平均で地下10m。内部は高さ約1・2m、幅約1mのサイズでジグザグに掘られており、出入り口には油圧式の鉄製ドアが設置されていたという。麻薬の運搬を目的とした電動トロッコや空調設備も整っており、両国当局はこれを「スーパートンネル」と呼ぶ。

アメリカとメキシコの国境地帯でこうした「スーパートンネル」が発見されるのは、2011年以降でこれが3例目だというから、麻薬カルテルが「商品」の密輸にいかにコストをかけているかがわかる。

麻薬の密輸をめぐっては、エクアドルとコロンビアの麻薬組織が自作の潜水艦を使っていたことが知られている。よりハイスペックとされるコロンビアの潜水艦は、全長30mのグラスファイバー製で、ディーゼルエンジン2基を搭載。8tの麻薬を積み、コロンビアのジャングルからメキシコ沿岸までの8～9日間の航路を、一度も海面に浮上することなく航行できるという。

この潜水艦の製作費は、推定で約200万ドル（約2億4000万円）。密輸に1回だけ成功したとしても、麻薬1kgを運ぶのに要した費用は250ドル（約3万円）にとどまる計算になる。もちろん、潜水艦の製作費以外にも燃料代や乗組員の食料代などが必要になるが、仮に複数回の密輸に成功すれば「経費」はどんどん安くなっていく。

こうして見ると、飛行時間（すなわち航続距離）の短い市販のドローンを使うより、純粋な輸送コストの面では潜水艦による密輸の方にまだ分がありそうだ。

それでも、ドローンを使った方が組織のメンバーが摘発されるリスクは格段に下がる。潜水艦やトンネルが発見され、摘発どころか当局との銃撃戦で死亡したり、逮捕されたメンバーの証言から組織が根こそぎにされたりする可能性を考えれば、ドローンはやはり、麻薬組織にとっては有用だ。

コストの問題にしても、自分たちの用途に合ったドローンを作ることができれば抑えることも可能だ。実際、メキシコの麻薬カルテルは飛行機の組立工場の工員を雇い、100kgもの麻薬を運べる大型のドローンを自作しているとも伝えられる。

それにそもそも、遠隔地への運輸サービスで主力となることさえ期待されているドローンである。今後は積載重量の大きなドローンの開発が相次ぐわけで、資金力の大きな麻薬カルテルであれば、そうした先進技術の導入はさして難しいことではないかもしれない。

ドローンが刑務所への輸送手段に

一方、麻薬の密輸とともに警戒されているのが、刑務所内への違法なモノの搬入だ。すでにアメリカでは、ジョージア州の州立刑務所で、ドローンが塀を飛び越えてモノを運び込む事件が発生している。当局は、森の陰から双眼鏡でドローンを確認しつつ、リモコンで操縦してタバコなどを刑務所内へ送り込もうとしていた男女を逮捕した。

アメリカでは、刑務所内へのスマホの「差し入れ」が増え、マフィア幹部の受刑者が外部の配下に犯罪の指示を出したり、受刑者同士が刑務所内で連絡を取り合い、一斉蜂起して所内を無秩序状態にしたりする事例が起きているとされる。

ドローンの悪用がそうした傾向に拍車をかけるとすれば、極めて厄介な話だ。

一方、日本ではどうか。

首相官邸の屋上で小型ドローンが見つかった事件を受けて、法務省は２０１５年４月24日、刑務所や少年院など全国の矯正施設に対し、敷地内や屋上に不審なものが落ちていないか、敷地の外に不審な操縦者がいないかなどについて、警備を強めるよう求める文書を送った。

法務省はドローンの悪用により、逃走用のロープや違法な薬物、タバコなどが不正に敷地内へ持ち込まれるような事態を想定。ドローンのカメラで受刑者が盗撮されることも懸念している。

法務省によれば、過去には、出所した受刑者が刑務所内で知り合った別の受刑者に、塀の外から携帯電話を投げ込んだ事例があるという。ただ、今のところはドローンによる不正は起きていない。

こうした動きについて、刑務所事情に詳しいジャーナリストは次のように話す。

「法務省の注意喚起は、世間の目を気にした上での『念のため』の措置でしょう。ドローンを使って刑務所内にモノが持ち込まれるような事件が起きれば、由々しき事態には違いない。しかし、それによって脱獄や暴動などが頻発し、社会不安につながることはないと思われます。というのも、日本の刑務所は脱獄が難しいことで有名で、逃走されるリスクは移送中の方がはるかに高い。２０１２年に広島刑務所から中国人受刑者が逃げ出したことがありましたが、このときは刑務所の外塀に補修工事用の足場が組まれていた上、刑務所側のミスで防犯ブザーがオフになっていたなど、偶然と手違いが重なったために成功したと言われている。ドローンが悪用されたとしても、刑務所内での管理を改善することで十分、対応できると思います」

ホワイトハウスに墜落したドローン

刑務所への不正なモノの持ち込みを含め、ドローンを悪用した密輸犯罪は、飛行するときの音が静かで、目立ちにくい「隠密」性に負っている部分が大きい。それに加え、操作者が誰であるか露見しにくい「匿名」性が、犯人たちの行動を大胆にする。

一方、ドローンによる侵入事件はどうか。これこそは、ドローンのさまざまな特性が発揮される余地のある、複合型の犯罪と言える。

まず、「隠密」性が際立った事例について見てみよう。

2015年1月26日の午前3時8分頃、ホワイトハウスの警備にあたっていたシークレットサービスの要員が、約60㎝大のクアッドコプターが敷地内を低空飛行しているところを発見した。報告を受けた警備本部はただちに警戒態勢入りを発令。建物を完全に封鎖するとともに、敷地内と周辺の捜索に当たった。

間もなく、クアッドコプターが敷地の南側に墜落しているのが発見される。中国製の市販品で、危険を及ぼす可能性がないこともわかった。

そして、その出来事から約6時間後、「ドローンを飛ばしていたのは自分だ」として、ひとりの男性がシークレットサービスに名乗り出る。その男性はなんと、シークレットサービスのエージェントであり、酒に酔った状態で友人が所有するクアッドコプターをホワイトハウス近隣のマンションから操縦していたところ、コントロールを失って墜落させてしまったというのだ。

騒ぎが起きた当時、オバマ大統領とミシェル夫人はインドに外遊中だった。ふたりの娘も祖母の家に出かけて不在だったこともあり、事態は速やかに収束した。事件を起こしたエージェントの氏名や役職、処罰されたか否かも公表されていない。

こうしたあくまで冷静な対応については、「大事には至らなかったから」「身内への配慮のため」と考えることもできるが、中には、次のようなうがった見方もある。

「事件が世間の注目を集め続けることを、ホワイトハウスは嫌ったのではないでしょうか。そう考えられる理由としては第一に、ホワイトハウスの警備の脆弱性が明らかになってしまったことがある。騒ぎが拡大するのは、テロリストに『こうやって攻撃してください』とアピールするようなものです。そして第二に、アメリカの政府首脳はドローンについての発言に慎重にならざるを得ない現状がある。ドローンは新たな産業振興の有望株であると同時に、テロリストに対する暗殺作戦の主役でもあり、そういった行為の倫理性が問われています。そうした批判について、政府首脳は『ドローンは対テロ作戦の唯一有効な手段だ』と説明しているのであって、それが今度はホワイトハウスの安全を脅かすなど、極めて好ましくない事態であるのは間違いありません」（軍事ジャーナリスト）

ちなみに、ホワイトハウス上空には防空レーダー網が張り巡らされているというが、それは航空機やミサイルなどある程度の大きさがあるものに対してのみ有効で、小型で超低空を飛ぶドローンに対しては、まったく役に立たないのだという。

それを明らかにしてしまったこの事件では、ドローンの「隠密」性が際立つとともに、ホワイトハウスにテロ攻撃の脅威を感じさせるという「示威」性までもが、期せずして発揮されたと言える。

ドローンが持つテロの危険性

「ドローンを使えば注目されると思った。デモ以上、テロ未満の方法を選んだ」

首相官邸屋上で放射性物質を入れた容器や発炎筒を載せたドローンが見つかった事件で、逮捕された男の供述である。前出の軍事ジャーナリストはこの言葉について、次のように評価する。

「犯人が考え抜いて到達した結論か、あるいは偶然そうなっただけなのかは別として、市販のドローンで何ができて、何ができないかをよく言い表していると思いますね。この事件については『オモチャを相手に騒ぎすぎだ』との意見もある。確かにそういう面もあるけれど、これからどんなドローン犯罪が発生するかを考える上で、この事件は十分参考にした方がいいでしょう」

この説明をよく理解するためにも、事件の概要を振り返ってみよう。

犯人の男は2015年4月9日午前3時40分ごろ、東京都港区の駐車場から、放射性物質を含む土砂を入れた容器と発炎筒を載せたドローンを遠隔操作で首相官邸の敷地上空に侵入させ、建物屋上のヘリポートに落下させた。

しかし、しばらくは誰もそのことに気付かず、ドローンが発見されたのは4月22日。官邸職員が新人研修のために、施設を案内する最中でのことだった。

ドローンが発見されて騒ぎになると、男は4月24日に警察へ出頭。その時点まで、犯人の名前が警察の捜査線上に上ることはなかった。

犯人は動機について、「反原発を訴えるために飛ばした」などと供述。一方、ドローンを使った理由を「話題性があり、インパクトがある。ピザの宅配に使われている映像などを見て思いついた」と説明した。

犯人は自身のブログで「ローンウルフ（一匹おおかみ）」を自称しており、既存の反原発グループに所属したりデモに参加したりせず、単独で行動していたと捜査当局は見ている――。

こうして見ると、誰にも気付かれずに侵入させ（隠密）、騒ぎを起こし（示威）、なおかつ自分の身元は簡単にバレない（匿名）といった具合に、悪用されやすいドローンの３つの特性が、見事に複合しているのがわかる。

そしてもう一点、注目すべきなのが、犯人の行動や発言の中に、何かを壊してやろう、誰かを傷つけてやろうといった目的意識が、まったく見てとれないことだ。そのことは、「デモ以上、テロ未満」という表現の仕方に、最も端的に表れている。

市販ドローンは犯罪には威力を発揮しない

敢えて断定してしまうならば、犯人は破壊を目的としていなかったからこそ、市販の小型ドローンを選択したのである。

そもそも、市販のドローンを使って大それた破壊行動を起こすことなど、とうてい無理なのだ。

これは、ドローンがまったく危なくないという意味ではない。ドローンが飛行中の旅客機のエンジンに巻き込まれたり、人混みに落下したりすれば相当に危険だし、実際それに近い出来事も起きている。

ただ、大勢の人を傷つけようと狙う悪人が、その手段として市販ドローンを選択するかといえば、必ずしもそうとは考えられないのだ。

なぜ、そのように言うことができるか。

その答えは、市販のドローンでは、破壊行動を起こすには〝力不足〟だからと言うに尽きる。

まず、飛行時間（航続距離）が短い。仮に旅客機に衝突させることを狙う場合、滑走路を遠巻きに囲んだフェンスの外からドローンを飛ばし、ターゲットが近づいてくるまで待機する必要がある。旅客機の離着陸スケジュールがわかっていたとしても、時間や使用される滑走路は頻繁に変わる。十数分から20分強しか飛べないドローンでは、計画通りに旅客機を襲うのは極めて難しい。

スピードも足りない。中にはそこそこ速いものもあるが、普通のセスナ機やジェットへリとでさえ勝負にならない。改造してかなりのスピードが出るようになっても、上空を飛ぶターゲットを追いかけているうちにスタミナ切れするのがオチだ。

そして何より、積載重量が小さすぎるという問題がある。既存のドローンでも手榴弾くらいは運べるだろうが、狙い通りの場所で確実に爆発させるのは至難の業だ。政治的なテロのために何かを破壊しようというなら、ドローンを使わずとも接近できるターゲットを狙うのが合理的だ。

これと同様のことが、次のような疑問に対しても言える。

「別に飛行機を狙わなくても、自動車や歩行者にドローンをぶつけるだけで危険じゃないの？」

そんなあからさまな悪意を持った人間ならば、ドローンを選ばずともレンタカーで、場合によっては自転車を使ってでも犯行を働くだろう。

現状において、市販されているようなドローンの備える「破壊性」は、自動車や刃物のそれと同等か、あるいはそれ以下と言うことができる。

これは、たとえ原発がターゲットとなった場合でも同様である。

２０１４年10月初旬から11月末にかけて、フランスでは正体不明のドローンが原発の上空を飛行するのが確認され、人々の不安を呼んだ。それも計19カ所ある原発のうち13カ所で発生しており、夜間に行われていることから、周到な準備に基づくものとの観測もある。

この事態を受けて、「ドローンの普及を想定していない原発の安全対策が無力化しつつある」との懸念の声が、一部のジャーナリストの間から上がっている。

ドローンに接近を許せば、原発内の写真や動画を撮られてテロ計画の準備に使われ、さらには原発施設に侵入したテロ部隊をドローンが上空から支援し、電源や通信ネットワークに爆弾を落としたりすることもできるからだという。

しかしこれについては、「ストーリーに相当な飛躍がある」とする指摘もある。

「まず、原発にテロリストが侵入する、との想定が現実的ではありません。フランスの原発は軍が警備しており、対空ミサイルを含む重装備で守っている。日本の原発は警備のゆるさが指摘されがちですが、そもそも、原発を襲撃できる実力と動機を持った武装勢力が国内に出現する可能性が少ない。ドローンによる『爆撃』の可能性はゼロとは言いませんが、たとえ100kgの爆弾を落としても、施設に致命的なダメージを与えるには至らないでしょう」（前出・軍事ジャーナリスト）

もちろん、そんな事件が起きれば、社会が騒然とするのは間違いない。

ということはやはり、ドローンは「破壊」性よりも「示威」性を買われて悪用される可能性の方が高いということになる。

日本政府のドローン犯罪への対応

こうしたドローン犯罪や不測の事故を防止するために、行政はどのような対応を取っているか。

「操縦者の技量確保や機体の安全基準、飛行禁止区域を設けるかどうかなど、今は何のルールもない」

太田昭宏国土交通相は2015年5月26日の記者会見で、このように述べた。

確かにこれまで、ドローンについてはほとんど何の規制もなかった。従来の航空法では、高さ250m未満の低空を飛ぶ場合であれば、原則として、ドローンは許可などを取らずに自由に飛ばせる。

しかし、首相官邸を舞台にしたドローン事件が発覚し、それからいくらも経たずに長野市の善光寺の行事中にドローンが境内に落ちるという事故（後述）が起きてからは、流れが変わった。

東京都をはじめとする自治体が、現行の条例にもとづいて、すべての公立公園などでドローンを飛ばすことを禁止。5月中旬には自民党が、国会議事堂や首相官邸、最高裁判所、皇居など、国の重要施設の敷地と周辺約300ｍ以内の上空を、ドローンの飛行禁止区域とする法案をまとめた。

太田国交相も前述の会見で、「国交省としては航空法を改正することになる。安全な運行の確保に向けたルール作りの検討を迅速に進めていきたい」と述べている。

これとは別に総務省は、4月28日から「小型無人機「ドローン」による撮影映像等のインターネット上での取扱に係る注意喚起」と題した文書をウェブサイト上に掲げている。内容は、ドローンを用いて撮影した画像や映像をインターネット上で公開する際、そこに写っている人のプライバシーや肖像権、個人情報の保護に配慮するよう「お願い」するものだ。その一方、注意書きとして次のような「リスク」も示しており、やはりどちらかというと、強い「警告」の色合いを帯びている。

(注1) ドローンを用いて画像・映像を撮影し、更に被撮影者の同意なくインターネット上で公開した場合、以下のリスクを負うことになります。

●民事上、撮影者は被撮影者に対して、不法行為に基づく損害賠償請求を負うこととなります。

●浴場、更衣場や便所など人が通常衣服をつけないでいるような場所を撮影した場合には、刑事上、軽犯罪法の対象となるおそれがあります。

●個人情報取扱事業者による撮影の場合には、無断での撮影行為は不正の手段による個人情報の収集に当たり、個人情報保護法の違反行為となるおそれがあります。

(注2) 表札、住居の外観、洗濯物その他生活状況を推測できるような私物もプライバシーとして法的保護の対象になることがあります。

このご時世においては当然とも思える内容だが、ドローンの愛好家が増えればこうした問題に配慮しないまま「ついうっかり」画像・映像を公開してしまい、それが法的なトラブルに発展するケースが増えるのは大いにあり得ることだ。

個人だけではなく、市街地などを俯瞰して撮影している業者にとっても、何をどこまで配慮すべきか悩ましい問題と言える。

さらには、「報道の自由」との兼ね合いもある。

日本民間放送連盟（民放連）は、国の重要施設とその周辺での小型無人機「ドローン」の飛行を禁止する法案について、「取材・報道活動に配慮した規定がない」などとして、法案の成立を主導する自民党側に「強い憂慮」を申し入れている。

民放連は法案の内容について、「非常時における国民の情報アクセスの妨げになるおそれがある」と指摘。その上で、民放各社でドローンの運用ルールの策定を急いでおり、民放連としても安全運航に向けた業界全体のルール策定について必要な対応を行うとの説明も行った。

米国のドローン犯罪規制

一方、アメリカではどうか。

連邦航空局（FAA）が検討中の商用ドローン規制案では、飛行できるのは①高度約152m未満　②昼間に限る　③操縦者の視界内　④関係者の頭上のみ　⑤飛行機から離れた場所――などとなっている。

また、ホワイトハウスの事件で騒然とさせられた首都・ワシントンの中心部は飛行制限区域に指定されており、ドローンなどは飛行できない。

言うまでもなく、こうした規制は法令を重んじる人々にのみ有効であり、それをくぐり抜けたり、あるいは〝正面突破〟しようとしたりする手合いには何の効き目もない。

ちなみにワシントンでは、ドローンだけでなく、有人の小型航空機による事件も起きている。

2015年4月15日午後、連邦議会議事堂そばの緑地に、ヘリコプターに似た外見の小型航空機「オートジャイロ」が突如着陸し、その中からひとりの男性が現れたのだ。男性は南部フロリダ州の郵便局員で、「連邦議会の全議員535人宛てに、政治腐敗を批判する手紙を運んできた」と話したという。

この動きを、アメリカの防空を担当する北米航空宇宙防衛司令部（NORAD）は、まったく探知することができなかった。ワシントン中心部に設定された「飛行制限区域」が法令上の禁止事項にすぎず、外部からの侵入に対する「防壁」ではないことが世に知られてしまったわけだ。そしてこれと同じことを、日本で検討されている法案にも言うことができる。

それでも、ドローンによる危険行為を禁止するルールは、ないよりはあった方がよい。そう思うのは、何らかのルールが明示されてさえいれば、実際は犯罪を働いていない「ドローン少年」が威力業務妨害で逮捕・拘留されるような事態は、防げたかもしれないからだ。

ドローン少年逮捕の余波

警視庁は2015年5月21日、東京・浅草の三社祭でドローンの飛行を予告する内容の動画をインターネットで配信した横浜市の自称・配信業の少年（15歳）を逮捕した。容疑は前述した通り、威力業務妨害である。

少年は祭りの前日、「なんか明日、浅草で祭りがあるみたいなんだよ。行きますから。

撮影禁止なんて書いてないからね」と話す動画をインターネットで配信していた。警察はこれが三社祭の主催者に警備を強化させ、「業務を妨害する行為に当たる」とみなしたのである。

少年は同月9日、長野市の善光寺で行われた「御開帳《ごかいちょう》」の法要を上空からドローンで撮影中、境内に落下させたほか、14日と15日には国会周辺でドローンを飛ばそうとして麹町署から連日、厳重注意を受けていた。

しかし、少年は三社祭には行っていないし、「(浅草で) ドローンを飛ばす」とも言っていない。善光寺の件でも意図的に落下させたわけではないと思われることから、識者の一部からは「逮捕、拘留まですべきだったのか」との声も聞かれる。

もっとも、警視庁としても逮捕は苦渋の決断だったようだ。捜査関係者が話す。

「少年の無反省ぶりが気になったし、何より被害が出てからでは遅い。たとえ警察が批判を浴びたとしても、一般の人々に被害が及ぶよりはマシでしょう」

件の少年は、自身のサイトで「ノエル」と名乗り、ドローンを飛ばしたり、警察から職務質問されたりする様子を生中継するなどしていた。

暴走気味な性格なのは確かなようだが、「(ドローンを飛ばしてはいけないと) どこに書いているんですか」「任意ですか。強制ですか。誰が迷惑を被ったんですか」と言って警察官に食ってかかる様子からは、たとえアタマに「屁」の字がつくとしても、一応は理屈で勝負してやろうという姿勢がうかがえる。

ということは、ドローンをどのような場合に飛ばしてはいけないかが明示されていれば、今回のような形での暴走は思いとどまった可能性があると言える。

最初からルールを軽視している者にとって、それを「守る」か「破る」かの判断基準は、自分にとって「損」か「得」かというものでしかない。そういう者に対しては結局のところ、強力な反撃体制で備えるか、厳罰をもって臨むしかないだろう。

しかし世の中には、「ルールがあるなら、守らなければならない」と考える人の方がより多く存在しているはずだ。そういう人々に向けて、多くが納得できるルール作りをすることは、ドローンの安全な運用と普及を図る上で、とても重要になってくる。

これから起こりうるドローン犯罪

ここまでは、現在までに発生したドローンがらみの事件を手掛かりに、ドローンが普及することによる「犯罪リスク」を検証してみた。

ただ、ドローンの一般への普及は始まったばかりであり、その技術レベルも飛躍的に高まると見られている。それにつれて、ドローンによる「犯罪リスク」はどのように拡大し、また形を変えていくのか――近未来に起こりそうな出来事を今ここで占っておけば、いずれ何らかの役に立つかもしれない。

これまで見てきた通り、ドローンを悪用する者たちは、ドローンが備える「示威」「匿名」「隠密」という3つの特性を武器にしている。

しかし、もともと軍用として発展してきたドローンは、これらと異なる「3D」と呼ばれる領域での強みを武器にしてきた。

「3D」とは、Dangerous（危険）・Dirty（汚い）・Dull（退屈）の頭文字で、人間にはとうてい耐えられない環境を意味する。

これらのうち、危険な任務をドローンに負わせ、兵士の人命被害を減らそうという考えは、20世紀初頭にはすでに存在していた。放射線量の高い（汚い）地域でドローンを作業に当たらせようという発想も、その延長線上のものと言える。

一方、「退屈」さをドローンで解決しようというのは、比較的新しい発想だ。そして実は、これが可能になったからこそ、ドローンは軍事分野で重宝されるようになったのである。

もっとも、ここで言う「退屈」の内容は、言葉そのものが持つ意味とは少し違っている。正確には、「超長時間にわたり単調に続く環境」とでも言うべきだろう。

具体的に言うと、無人偵察機による数十時間連続の上空警戒などがこれに当たる。

無人偵察機が初めて脚光を浴びたのは、1990年代半ばのボスニア紛争でのことだった。

当時、アメリカのクリントン政権は、ボスニアの首都サラエボを包囲し、国連部隊にまで砲撃を加えるセルビア軍の動向をつかもうと躍起になっていた。ところが、武器が山がちな地形に巧みに隠され、上空は常に雲で覆われていたために、超高空を飛行するU2偵察機では、セルビア軍の動きを把握するのは困難だった。

おまけにセルビア軍は、アメリカのスパイ衛星が自分たちの頭上を何時何分に通過するかを知っていた。衛星がやってくる前に武器を隠し、衛星がいないとわかっている時間帯に攻撃を行っていたのである。

残る方法はひとつ。セルビア軍の動きをキャッチするには、偵察機を長時間にわたって雲の下で旋回させねばならない。

だが、問題がふたつあった。ひとつは、対空ミサイルで撃墜されるリスクが高く、パイロットの命を危険にさらさねばならないということ。もうひとつは、切れ目なく偵察を行うためには多数の航空機とパイロット、そして膨大な支援体制が必要になるということだった。

これらを一挙に解決したのが、米・ＣＩＡが秘密裏に導入した「ナット７５０」と呼ばれる無人偵察機だった。無人偵察機ならパイロットの命を危険にさらさずに済むのはもちろん、トイレや食事、睡眠のために、しょっちゅう交代させる必要もないからだ。

ちなみにこの「ナット７５０」こそは、後にアメリカ軍によってアフガニスタンなどに投入され、偵察任務からテロリスト暗殺までをこなすことになる「ＲＱ－１プレデター」の原形とも言えるドローンである。

軍事利用シーンに見る、ドローン犯罪の可能性

前出の軍事ジャーナリストが話す。

「ドローンは食事もしなければトイレにも行かないし、もちろん自己主張もしません。それどころか、呼吸をする必要だってない。これらの点を悪用するテロリストが現れたら、もしかしたら厄介なことになるかもしれませんね」

言わんとしているのは、例えば次のようなケースである。

海外に本拠を置く国際テロ組織が在日米軍を狙った同時多発テロを計画し、そのために100人の戦闘員を日本に潜入させる必要が生じたとしよう。島国の日本に入り込むには空か海のいずれかのルートを使うしかないが、空港の出入国管理は厳重であり、大多数は飛行機に乗ることもできず治安当局に拘束されてしまうだろう。

海ならば、ある程度は可能性がある。出国の手続きをせずに沖合でボートから貨物船などに乗り込み、日本の沿岸が近づいたら再びボートに乗り換え、人目につかない地点から上陸するのだ。

もっともこれとて、成功する確率は高くはない。かつては北朝鮮の工作船や蛇頭の密航船が出没し、現在は中国との摩擦を抱える日本の領海警備は厳重だ。数グループに分かれて入国を図るであろう戦闘員の相当数は、日本の土を踏む前に、海上保安庁に捕まってしまうだろう。

だが、人間の戦闘員を潜入させるのではなく、ドローンを持ち込むのならばどうか。

現在、物流業界などが導入を検討しているドローンは、あらかじめ設定されたルートに沿って、操縦者の視界外を飛行できるよう開発されている。そういった機種に必要な改造を加えれば、ある程度まで、戦闘員の代役を期待することができるだろう。

そして何より、ドローンはモノである。飛行機に座席を確保する必要もなければ、入国管理官と顔を合わせることもない。場合によってはコンテナに詰め込み、貿易取引を装って日本に「輸入」することも可能だ。何なら、本当に既製品を輸入して、日本国内で改造する方法もある。

前出の黒井文太郎氏も言う。

「ドローンを使ったテロが世界で起きた場合、所持を禁止する方向になるのではないか。ただし部品をバラしてしまえば容易に運搬できるので、テロリストにとっては関係ないでしょうね」

日本に持ち込んでからも、ドローンは管理が楽だ。計画実行のその時が近づくまで、倉庫に保管しておけばよいのである。

ところが、人間の場合はそうはいかない。

仮に数十人から100人もの戦闘員が密入国できたとしても、潜伏場所に困ってしまう。警察の目が光る都市部でぶらぶらさせるわけにはいかないし、かといって、田舎だとなおさら目立つ。倉庫のような所に押し込めれば、ストレスから内部でいざこざが生じ、計画全体に支障をきたしてしまうかもしれない——。

では、戦闘員の代わりにドローンを使えば、こうした問題をクリアできるのだろうか。それはひとえに、テロ組織がドローンを作戦実行のために使えるようにする、高度な技術を手に入れられるかどうかにかかっている。

「そうした技術自体の研究は、すでに各国の軍などで進められています。具体的に言うと、ドローン同士で情報を共有する『相互運用技術』、ドローン同士が同一目的のために協調して作業を行う『協調運用技術』、ドローン自体が環境を認識し、外部からの指示なしで動く『自律化技術』というものです」(防衛省関係者)

これらのうち、「自律化技術」についてはは完成までかなりの時間がかかるものの、それ以外のものについては、近い将来の実用化が見込まれているという。

ちなみに、本章冒頭の近未来シミュレーションは、「協調運用技術」が実用化された時代を想定して練ったものだ。

もちろん、これらの技術はそれ専用に開発された高度な兵器級ドローンに搭載されるのであって、誰でも簡単に手に入れられるシロモノではない。

だが、軍事用技術もいずれはその一端が民間に転用され、外部からアクセスしやすいところに置かれることになる。

「将来、大規模なドローン犯罪が起きるとすれば、ハッキングなどのコンピューター犯罪とセットで行われる可能性が高いでしょう。それは、高度なドローン制御プログラムを盗み出す形になるかもしれないし、民間の商業用ドローンを乗っ取る形になるかもしれない」（同）

一般人が犯罪を起こす可能性

そしてもうひとつ、留意すべき点がある。

将来、複数の「攻撃用ドローン」を従えて犯罪を強行する人物が現れたとき、それが必ずしも、国際テロ組織の幹部のような〝有名人〟であるとは限らないということだ。

警視庁は三社祭の件で少年を逮捕した際、自宅からパソコン2台やタブレット端末3

台、スマートフォン5台、ドローン1台を押収している。母親は少年には小遣いを渡していないと説明していることから、動画投稿やグッズ販売で収入を得ながら「装備」を充実させ、遠出する際の交通費などを賄っていたと考えられている。また逮捕後には「少年の信者」を名乗る20代の男性が警察署に現れ、「少年に25万円を振り込んだ」と話したと言う。

15歳にしてはなかなかの資金力と言えるかもしれないが、騒ぎの大きさと比べれば、かかった元手は少額である。

どこまで高度な芸当ができるようになれるかはわからないにせよ、従来はできなかった「何か」を「小さな資本」で始められることが、ドローンが人々を惹きつけている理由のひとつになっているのは間違いない。

また、市販のドローンの中には、かなり分解しやすい作りのものがある。スマートフォンなどの場合、ユーザーが簡単には分解できないよう、特殊な形状のドライバーでなければ外せないネジが使われていることが多い。

しかしこうしたドローンの場合、市販のドライバーだけでほとんど分解できる。内部の構造もシンプルだ。メインの電子基板は片面実装で、追加でさまざまな部品を実装できる余地が残されている。

ある程度の知識と好奇心があれば、市販のドローンに特殊な機能を持たせることも不可能とは言えないのだ。小さく始めて、大きく育てる――そんなドローンの魅力が、悪人に利用されないことを願うばかりだ。

第五章　日本産ドローンの未来はどうなる?

これまで本書では、世界および日本のドローン産業の現状を概観してきた。そこでは、世界経済を代表する名だたるビッグプレイヤーたちが、ドローン産業に続々と参入しはじめているという事実とともに、中国・DJI社をはじめとする、いわゆるドローン新興企業が、国際舞台に華々しく登場しはじめていることが明らかになった。

また同時に本書では、ドローンが健全に発展していくための課題が徐々に浮き彫りになりつつある点についても問題提起した。日本では首相官邸へのドローン落下を皮切りに、その危険性に対して社会の視線が集中しはじめた。そのような現象は、日本だけではなく、主要先進国で共通し起こりはじめている。今後、ドローンを安全に運用するための法的枠組みおよびセキュリティー対策に対する議論は、世界規模で高まりを見せると予想される。

先進技術の到来は、いつでもイノベーションへの期待と、人々の不安から発せられる規制論との対立を生む。ドローンもまた、その葛藤の狭間で世界の空を自由に飛びまわる日を今か今かと待ちわびているのだ。

さて、本書もいよいよ残りのページが少なくなってきたところだが、ここで重要な問いがひとつ残されることになった。それは、日本のドローンはこれからどのように発展し、そして世界でどんな地位を占めるか。すなわち、日本産ドローンの未来である。

終章では、国産ドローン開発の第一人者である千葉大学・野波健蔵教授の話を中心に、日本のドローンの未来を考えていくことにしたい。

国産ドローンの開発第一人者・野波健蔵教授の歩んできた道

野波健蔵教授は千葉大学の特別教授という肩書も持つ人物である。

１９７９年に東京都立大学大学院博士課程を修了後、キャリアを積み、１９８５年にはＮＡＳＡ研究員として赴任。３年後の１９８８年には千葉大学助教授に就任し、１９９４年からは同大学教授を務めた。そして２０１４年には惜しまれながら定年退職を迎え、現在ではドローン開発第一人者として活動する傍ら現職を務めている。

これまで、野波教授が研究者として歩んできた道のりは、日本のドローン開発の実情を知る上でひとつのヒントになると考えられる。そのため、少しだけ掘り下げて触れておきたい。

野波教授の専門は工学。１９８０年代の半ばから、歩行ロボットやマニピュレータ（ロボットの腕や手、アーム部分）などの基礎研究に勤しむ研究者としての日々を過ごしていたという。ただ、いつしか単調なデスクワークに疑念を持つように。そして、1990年代からは「人の役に立つロボット」を開発することを目指し、研究に没頭することになったそうだ。

「研究は人や社会のために役立たなければ意味がない」

今回の取材の際、野波教授はきっぱりとそう言い切った。おそらく、若き日のドローン開発第一人者にも、すでにそのような信念の萌芽が宿っていたであろう。

そんな教授にとって1993年のカンボジア訪問は大きなターニングポイントになったという。そこで教授が目にしたものは、内戦終結後も地雷被害に苦しむ現地住民の痛ましい生活だった。ロボットで人々の痛みを取り除き、生活を豊かにすることはできないだろうか。そう考えた野波教授は、自律・歩行型地雷探知ロボットや、無人地雷処理車の開発に邁進することになる。

ただ、その過程には常に困難や制約がつきまとった。というのも、当時の日本では、海外での地雷探知ロボット使用が軍事利用にあたると懸念されていたためだ。

平和憲法を擁する日本ならではの社会的制約条件が、紛争地を支援するためのロボット開発の前に立ちはだかっていたのだ。そのため、野波教授の研究は現地調査や小規模な実験にとどまり、自律型ロボット開発にかけた挑戦もまた、キャンパスの片隅で細々と続けられることになる。

その後しばらく、人知れず地雷探知ロボットの開発を続けていた野波教授だったが、やがて転機が訪れる。１９９７年、日本政府の「オタワ条約批准」である。

本条約は、対人地雷の使用禁止を定めた国際条約。地雷撤去作業が国是となると、野波教授が開発していた歩行型６脚ロボットが政府関係者の目にとまり、開発環境にも追い風が吹くことになる。

野波教授が試行錯誤を重ねてきたロボット研究は日本学術会議の正式なプロジェクトとなり、予算および日本有数のロボット開発人材が投入された。そして、地雷探知の機能を備えた歩行型６脚ロボット「COMET－1」の完成という成果とともに、ついに日の目を見ることになるのだった。

また野波教授は、１９９８年頃からシングルローター型ヘリ、およびドローンの研究に着手している。３年後の２００１年８月には、ヒロボー株式会社との共同開発機体であるシングルローターヘリ「ＳＦ40」で、高度制御や自動離着陸などを含む完全自律型制御の成功を収め、その後も無人機の自律飛行や産業用アプリケーション開発に拍車をかけていく。

その一方で、2000年以降は地雷問題に苦しんでいたアフガニスタン、クロアチア、イラクなど世界の国々に足を運び、自律型地雷探知ロボット運用におけるトライアル&エラーを繰り返しながら、経験と技術を蓄積していった。そうして、培われたセンシング技術やアルゴリズム開発のノウハウもまた、その後のドローン開発に活かされることになる。

本書第三章では、セコムやヤマハ発動機のドローンや無人小型機について触れた。野波教授のエピソードと比較して見るに、どこか共通点があるように思える。それは、「ロボットの社会的な有用性を確立する」という視点を常に維持してきたということだ。そして、そのために数十年にわたって研究開発を続けてきたという点や、規制をクリアするために安全性や精度を高める努力を続けてきたという点で共通している。

少し月並みな話になってしまうかもしれないが、現在日本のドローン開発の最前線で活躍する人々の姿からは、「人間の想い」がいかに重要かを改めて再確認させられる。たとえいかに技術革新が起ころうとも、「想い」が欠落していればイノベーションは起こらない。

「人間は見たいものしか見えない」とはユリウス・カエサル・シーザーの有名な言葉だが、彼らがドローンという選択肢に辿りついたのは、決して偶然ではなかったのかもしれない。ロボットをいかに人の役に立てるか、ひいては人間社会をいかに豊かにするかを追求してきたからこそ、ドローンの活用というひとつの「見たい答え」を見ることができたのだろう。

そして野波教授は、そんな日本のドローン関係者たち誰もが認めるトップランナーなのである。

自律制御システム研究所が開発する国産ドローン

「現在、世界で開発が進められているドローンを人間に例えると、まだ7〜8歳というのが私の認識です。17〜18歳でしっかりと使えるようになると想定すると、これから本格的に開発が始まる段階にあると言えるでしょう」

２０１５年３月、多忙なスケジュールの合間に取材に対応してくれた野波教授は、開発したドローンを一通り見せてくれた後、とても落ち着き払った温和な口調でそう話しはじめた。場所は、千葉大学キャンパス内の閑静な一室。自律制御システム研究所の事務所だ。

自律制御システム研究所は、野波教授の研究室で30年以上培われてきた先端的制御、自律制御、ロボット、メカトロニクスの各研究成果を基礎とし、２０１３年11月１日に設立された大学発のベンチャー企業である。今後は学外に拠点を構える計画もあるそうだが、現在は大学キャンパス内で完全自律型電動ドローン・ミニサーベイヤーの研究開発と、製造販売などの事業を展開している。

２０１２年10月、日本では個人、企業、団体、政府および地方自治体などのドローン関係各所が結集し、ミニサーベイヤー・コンソーシアムが発足した。

これは、日本産ドローンの技術的性能の向上および実用化、そしてグローバルビジネスの主導権を握るという目的を持って設立された産学官連携団体だ。ドローン関連の事例発表や体験会を取りまとめる企画委員会や、関連省庁・関連法案に関わる対応を行う法務対応委員会、またドローンの安全ガイドラインを拡張、運用、広報を担当する安全管理委員会、技能検定制度を監修、支援する技能検定協会などを擁し、２０１５年５月現在の時点で、約１４０社が参加している。

そのドローン開発・普及のための総本山とも言うべきコンソーシアムで、会長を務めるのが野波教授である。もちろん、野波教授が代表取締役を務める自律制御システム研究所も、コンソーシアム内で中心的な役割を果たしている。

自律制御システム研究所の産業用ドローン

その自律制御システム研究所で開発・製作されているのは、産業用目的で作られたドローンである。中国ＤＪＩ社や仏Parrot社が主に開発・販売しているホビー用とは、同じドローンでも購入先や使用目的が異なる。

例えば、自律制御システム研究所で開発されたドローン「ＭＳ－06Ｋ１」は、警視庁の災害対策課特殊救助隊に納品されており、機体には、動画・静止画を撮影できるカメラはもちろん、パラシュートや収納コンテナ、赤外線カメラなどが実装されている。

野波教授は自らが開発したドローンについて、今後「さらに多様な用途で使用できるように開発を進めていきたい」と見通しを明かす。

「自律制御システム研究所で開発されたドローンの飛行時間は、機種によって10分から30分ほど。カメラが標準装備されており、5～8kgの物資を運搬することができます。農作物の生育状況を確認したり、農薬散布用としても実用可能な段階にある。そのほかにも、放射線観測、インフラ点検、消防、セキュリティーなど幅広い分野での応用が可能です」

ホビー用と産業用のドローンの差は、ひとえに機体性能や安全性にあるのではないか、と個人的に思う。もちろん、ホビー用が低性能で安全性に欠けてもよいというわけではない。ただ、産業用ドローンの方がより厳しい品質チェックの視線にさらされるのは明白である。

まず、どのような環境においても、墜落するリスクを極限まで抑える必要性に迫られるだろう。昨今、世界各地でホビー用ドローンの墜落が巷を賑わせているが、産業用ドローンにとって、そのような失態は命取りになる。というのも、墜落の可能性がある機体の実用化は難しいだろうし、対人事故などを起こせば、これから拡大が確実視される市場においてブランド失墜を招く危険性があるからだ。

同時に飛行能力以外の部分でも、さまざまなシチュエーションやタスク処理の過程において安全性を確保する必要がある。ヤマハ発動機のUMS事業推進部開発部長と日本産業用無人航空機協会理事を務める坂本修氏は、その点について次のように強調する。

「無人小型飛行機を商用利用する際には、単純に飛行時の安全が保証されればよいというわけではありません。それは前提にすぎない。そこから先は、各利用シーンにタスクを安全に処理する技術が求められる。例えば、ドローンを農薬散布用に使うとしましょう。そのときには、過剰散布や不均等な散布が起きないように機体の動きを精密に制御する技術が求められます。もし、それらを怠れば、害虫を駆除できなかったり食物が変色してしまったりと、食の安全性を守ることができなくなりますし、農家の収穫高にも大きな悪影響を及ぼすことになってしまいます」

坂本氏のこの指摘は、ドローンを他分野に応用する際にも同じことが言えるのではないか。

第二章でも触れたが、ホビー用ドローンの分野では２０１４年を契機にＤＪＩ社やParrot社が市場のイニシアティブを握りはじめた。ただし、産業用ドローンについては、これから国際的に競争が激化するのではと予想されている。

「自律制御システム研究所で開発された産業用ドローンは、すでに約１００台が販売されました。そして、受注・製作中の機体が約１００台。受注先には、アメリカなど海外からのクライアントも含まれます。2015年は400台を目標に生産したい。今は2日に1機のペースで製作していますが、これを1日に1機のペースまで引き上げたいと考えています。おそらく発注数や売り上げは、2017年くらいまでは伸びると予測しています。販売目標としては2000台くらいでしょうか。ただ、新規で開発・販売に参入するところも増えて行くと思うので、競争も激化するはず。最終的に、よい品質のドローンが生き残るでしょう」(野波教授)

国産ドローンの普及にとって、もうひとつネックとなっているのが価格だ。現在、自律制御システム研究所で開発されている産業用ドローンは200万〜300万円。「少し高いような気がするのですが」という質問に対し野波教授は同意する。

「わたしどもが量産したいと考えている理由に、その価格の問題があります。例えば、家庭で屋根にトラブルなどがあったとしますよね。そんなときにドローンを使ってもらいたい。便利なので、一家に1台置いてもらえるような未来を想像しています。いわゆる『マイドローン』ですね。そうなると、最低でも100万円を切る必要があります。かといって、海外で人件費を抑えて作るというのも、暴走などのリスクの問題があり怖い。他国の廉価なドローンと比べて、性能にはダントツに自信があるので、国産を貫きたいと考えています。国際的に価格を比較すると、カナダのAeryon社のものはよい機体ですが、1200万円ほどする。アメリカとドイツと日本の価格は同程度。中国がかなり安いという形です」

取材後の2015年5月、自律制御システム研究所は「全天候型ドローン」を一般公開した。このドローンは、雨天や強風時でも飛行が可能で、水面に落下しても浮くため機体の回収が可能だそうだ。前述のコメントの中で滲ませていた産業用ドローン開発への自信を、着実に形にしている様子がうかがえる。

自律制御システム研究所では、「全天候型ドローン」の発表と時を同じくして、「自動編隊飛行技術」や「自動電池交換システム」「障害物検知技術」なども公開した。「編隊飛行」というのは、複数のドローンが自律的に連携し動作する技術である。災害現場などでは、複数のドローンが連携して作業することで、より広範囲の面積を調査することが可能になるそうだ。「自動電池交換システム」は、バッテリーがなくなりそうになったドローンが、自動的に帰還、バッテリーを交換する機能を指し、「障害物検知技術」はその名の通り、障害物を検知して、追突を避ける技術である。

官民一体で目指すドローン大国ニッポン

日々、新しい技術が公開される国産ドローンの現場。その最先端にいる野波教授に、日本のドローン産業の現状についていくつかの疑問をぶつけてみた。まずはどうしても、聞いてみたかったあの問いだ。

果たして日本は世界で勝ち抜くことができるのか――。

この質問をさらに具体化するならば、グローバル規模で競争が始まるだろうドローン産業の現場において、日本産ドローンがシェアを獲得できるのかという趣旨でもある。少し単刀直入な気もしたが、日本のドローン産業の国際競争力の現在地について、日本産ドローンの開発第一人者に率直な意見を聞いてみた。

「政府が本気で予算を組み、法整備にも取り組んで、民間も参入していけば世界で勝ち抜いていけると思います。たぶん、まだ勝てる（笑）。というのも、先ほど申し上げました通り、世界的にまだ7～8歳のレベルですから」

少し頬笑みながらそう切り出した野波教授は、「ただし」といくつかの条件を付け加えた。

まず、野波教授が指摘したのは、ビジネス的な戦略をしっかり練る必要があるという点だった。

「国際市場で日本産ドローンの成功を勝ち取ろうと思えば、ビジネス的なスピードが問われます。中国のＤＪＩと日本産ドローンの技術は互角ですが、彼らはビジネスがうまい。しかも、中国という環境では製造費を抑えることができます。その差で競争していけば、いずれ勝てなくなるでしょう」

自律制御システム研究所の開発した機体が２００万〜３００万円する点についてはすでに触れたが、対してＤＪＩ社製は20万円を下回っている。現在は、産業用とホビー用という住み分けがあるが、ＤＪＩ社が産業用ドローンの量産体制に入らないとは誰も言い切れない。そうなったとき、シェア獲得合戦は熾烈を極めるだろう。

もちろん、ＤＪＩのほかにも、日本産ドローンのライバルとなりうるドローンを開発する企業は多い。日本産ドローンが世界で勝ち抜くためには、ビジネス的成功による収入確保と開発促進の両輪を、うまく組み合わせていく必要がある。

次に野波教授が指摘するのは、日本政府とドローン開発現場の関係について。結論から言えば、政府が開発支援を拡充すべきだという主張だ。

「日本のドローンは技術的に他国に負けていません。ただ、国の支援制度に差がある。日本のドローン開発者たちは、海外に比べるとほとんど自力でやっていると言っても過言ではありません。一例では、カナダと比較することができます。カナダのAeryon社が持っている機体は世界でトップレベル。彼らは大学発のベンチャーという側面があるのですが、政府から30億円くらいの支援を受けている。大きな投資を受けて、一気に開発を進めているのです」

日本政府は新技術開発への投資について、他国と比べ相対的に「選択と集中」方式を採用しない傾向にある。ドローン分野については、特区の設置が進み、アベノミクスで無人飛行機の技術開発の重要性がアナウンスされるものの、他の新技術開発分野に比べ特段大きな予算的支援を受けているわけではないという。

「いずれにせよ、ライバルは海外企業ということになります。コンソーシアム設立の経緯もそうですが、オールジャパンで対抗しなければならないというのが私の考えです」

ここからは私見になるが、開発支援以外にも、官民が一体となるべき理由がある。それは、日本のドローン産業を健全に発展させるための法整備が必要不可欠となりつつあるからだ。実用化に向けたガイドラインが定まらない限り、ドローン運用の実績を積みながら経験とノウハウを蓄積していくのは難しい。逆に、しっかりとしたルールが定まれば、その範囲で国際競争力を養っていくことができる。

日本産ドローンの前途について、野波教授はこう付け加えた。

「ドローンの実用化については、さまざまなリスクや、プライバシー問題があるという意見があります。一方で、新しい世界が開けるからよいという意見もある。最終的に重要なのはドローンを日本社会が受け入れるかどうか。つまりコンセンサスが必要なのです」

おそらく、野波教授が言う社会のコンセンサスは、いずれ政府に吸い上げられドローンに関する法律として実体を成すはずである。現在、ドローンの実用化に向けては、電波法、航空法、道路交通法などさまざまな問題が山積している。

今後、世論がどう傾き、法整備がどのように進むのか。

政府と企業だけではなく、国民を含むオールジャパンとして、ドローン問題に取り組んでいけるかが、日本のドローン産業の成否を握るひとつの鍵となりそうである。

ドローンは是か非か。法整備を巡る各国の動き

参考までに書き加えるならば、ドローン実用化に向けた環境やルール作りには、国によ

って温度差がある。実用化に向けた動きを活発化させている国もあれば、安全面を優先させ厳しい規制を課そうという国もある。

日本は、どちらかというと後者に属すのではないか。2015年5月20日から幕張で開催された「第一回国際ドローン展」に売り込みに来ていた欧米のドローン関係者は、「日本ではネガティブな報道が多い」と残念そうに話していた。たしかに、首相官邸や善光寺への落下事故がクローズアップされすぎるあまり、飛行を規制する自治体が増えるなど、闇雲に飛行禁止を謳う方向へと舵が切られつつある。

果たして、日本以外の国ではどのよう法整備が進んでいるのだろうか。

まずは、野波教授も太鼓判を押すドローン産業の先進地・カナダに注目したい。カナダでは、一般の人たちが無人小型飛行機を飛ばす際、規制が非常に多いそうだ。例えば、カメラを搭載した普通のラジコンでさえ、「無人飛行ビークル」という範疇に該当することになり、カナダ運輸省から特殊航空業務証明書(SFOC)の取得が義務づけられている。

ただし、このSFOCは小型無人飛行機を飛ばすプロフェッショナルたちのための許可制度、商用利用のガイドラインという側面もある。厳しい規制がある反面、そこに書かれたルールさえ守れば、ドローンを自由に利用することができる。

Aeryon社の副社長・チャック・ロウニー氏は、カナダのドローン事情について次のように話す。

「ルールを守り、政府と企業およびプロフェッショナルが信頼関係をつくることで、ドローンの商用利用の幅がどんどん広くなっている。現在、Aeryon社製のドローンはいつでもカナダの空を飛ぶことができます。他国のように夜間の飛行制限などもありません」

カナダの場合、人口が少ない北部に発電所や送電線などの重要なインフラがあり、これらを保守、点検するのに莫大なコストがかかっていた。しかし、ドローンを使えばコストを削減できるため、政府が後押ししながら、民間企業がドローンを採用しやすい法整備を進めたそうだ。このカナダのドローンを巡る法整備の動きは、世界のドローン関係者にとってモデルケースとなっている。

一方、アマゾンなど大手ＩＴ企業がドローンの商用利用の実現を求めているアメリカでは、連邦航空局（ＦＡＡ）が主導し、アラスカ大学、ネバダ州、ニューヨーク州グリフィス国際空港、ノースダコタ州商務省、テキサスＡ＆Ｍ大学コーパクリスティ、バージニア工科大学の６機関で特定試験区域を設定するなど、実用化に向けての動きを加速させている。
　また開発環境の一例としては、2015年1月現在、100大学以上がドローン関連の学科を設置。そのうちの一部は政府予算の支援を受け新型ドローン開発に着手しているという。アメリカではすでに7000〜8000機の無人機が飛んでいるそうだが、2025年には3万機まで増加するという予測もある。
「アメリカはそもそも航空・宇宙産業が強い国。現在、世界では米国製の航空機が多数を占めています。ただこれから同分野では、ドローンの存在を無視できない。アメリカがドローン開発をやめるということはすなわち、国家の主要産業を半ば放棄するということにもなりかねません」（野波教授）
　ただ、アメリカでもドローンを実用化する環境づくりがすべて順調に進んでいるわけではない。例えば、ホワイトハウス一帯を「飛行禁止空域」と定めている。飛行高度に関係なく、許可がない航空機が飛行した場合は、罰金または、1年以内の懲役刑が科される。その航空機にドローンが含まれることは言うまでもない。ホワイトハウス近郊では、ドローンが墜落する事件が度々起きており、米政府としても対応に頭を悩ませているようだ。野波教授も言う。

「アメリカで懸念されているのはプライバシーの問題。例えば、ドローンは飛行音が静かだから、夜飛べばストーカー被害が拡大する恐れがある。またアメリカが最も恐れているのはドローンを使ったテロ被害。9・11の悪夢は国民のトラウマになっていますから。そのような事情から、飛行禁止区域を設定したり、ペイロードを25kg以下に制限したり、飛行を日中だけに制限したりと、限定的に運用しています。本心では、政府ぐるみで普及や開発にさらに力を入れたいはずなのですが、賛否両論があり難しいようです。例えば、ニューヨーク市長はドローンに大反対。一方、フェイスブック、アマゾン、グーグルなどの企業は実用化に向けて積極的という構図でしょうか」

一方、欧州もドローンの実用化と飛行制限の狭間で揺れている。

フランスは、ホビー用ドローンの火付け役であるParrot社が本拠地を構えており、カナダ同様にドローン関連法の整備がいち早く進んだ国だと言われている。パリ上空に無許可でドローンを飛ばした場合、最高で懲役1年と約8万5000ドルの罰金刑を科されるなどの規制が設けられており、一般使用と商用利用の境目がさらにはっきりと整備されていく見通しだ。

ただ、フランスでは、2014年10月以降、国内各地の原発13カ所、また原子力潜水艦の基地周辺に正体不明のドローンが接近するという事件が相次いで起こった。仏紙ル・モンドによると、これらのドローンの中には最大で直径2mのものまであったそうだ。また、2015年1月頃には大統領官邸上空にも不審機が現れるなどの事件が起きており、ドローンの犯罪利用に対して懸念が高まっている。

2014年のフランスと言われて真っ先に思い浮かぶものは、イスラム国によるテロではないだろうか。風刺週刊紙『シャルリ・エブド』の編集部が襲撃された事件は日本でも大々的に報じられた。今後、ドローンを使ったテロへの懸念から、規制強化を求める方向に民意が傾くのだろうか。去就を注視したい国のひとつである。

ちなみに、フランスの隣国・ドイツでは2013年9月当時、メルケル首相のわずか数mまでドローンが接近、墜落する事件が起こった。後に、反対陣営の政党が抗議のために飛ばしたことが発覚。それまでドイツでは5kg未満の機体を飛ばすのには特別な許可はいらなかった。現在では首相府の半径5・5km内の飛行が法律で禁止されている。

一方、欧州全体で見ると、人がいない僻地では商用利用の実用化を前提とした試みが進められている。欧州航空安全機関（EASA）は、ドイツの運送会社・DHLにドローン「パーセルコプター」での配荷を一部正式に許可。2014年9月には、離島に医薬品を届けるサービスの実用化を後押ししている。

この「Parcelcopter」による配荷は、危険回避のためにパイロットのモニタリングが義務づけられた。またドイツ連邦交通・デジタルインフラ省が同プロジェクトのためだけに設定した区域を利用した、限定的な運用となった。とはいえ、飛行自体は完全に自動化されており、世界で初めて認可されたドローン宅配事業として世界中の注目を集め、今後、僻地への医薬品や非常用物資を送る際のコスト削減策として実用化が進められる見通しだ。

またスイスでは、郵便公社スイスポストの主導のもと、早ければ２０１５年６月にドローンを使った配送サービスのテストを実施する予定があるという。スイスには山岳地帯や離村が多いため、ドローン活用のメリットはとても大きいだろう。スイス紙ルマタンによれば、同テスト飛行には米企業などが作った機体が使用されることになっているという。

アジアの国の中では、タイがドローン利用の規制を強めている。

タイ航空局は国内におけるドローン使用全般について免許取得を義務づけるとしており、これを破れば懲役1年および4万バーツの罰金など厳罰が科せられる可能性があるそうだ。また、免許を取得したとしても、ドローンの規格が最長連続飛行時間1時間以内、地上高15～150m内の飛行制限などさまざまな制約がある。またタイでは、ドローンにカメラを搭載することが基本的に認められていないという。空撮する場合には、免許とは別途にジャーナリストやプロ写真家、映画撮影などの資格で認可を受ける必要がある。

なぜ、タイではドローン規制が厳しいのか。首都・バンコクに住むIT関連企業の事業家は次のように話す。

「何が決定的な理由かは定かではないけれど、まず考えられるのは、バンコクなどには王宮や王族の屋敷が散在している。タイでは王族の権威が強いから、盗撮などの事態が起きれば大問題になる。もちろん、他の国と同じく一般の人たちが盗撮の対象になってしまう可能性も懸念していると思います。それに、タイには古い電線も多く、絡まったりすると火事に直結する危険性も。個人的には、ラジコンと同じ法律的な扱いという印象です」

一方、タイ在住の韓国人事業家によれば「デパートに行けば、そこら中で売っている」そうで、「飛ばして捕まったという話は聞いたことがない」そうだ。タイの実情からは、法整備と同時に、その規制がしっかりと社会に根付くように、国や政府、自治体および企業がアナウンスを続けることが重要だと考えさせてくれる。

こうして各国の法整備の現状を見ると、その国ならではの固有の事情が透けて見えてくる。日本においても、日本の事情に則したドローン関連法の整備が必要となってきそうである。

東日本大震災とドローン

日本産ドローンの開発および、日本の事情に即した法整備を進めていくメリットは何か。もちろん、日本産ドローンが世界でシェアを獲得すれば、経済的な効果を得られるという点は理由のひとつに数えられるだろう。加えて、そのほかにも目に見えるメリットは多い。

例えば、日本には自然災害が多いという特徴がある。

野波教授は、国産ドローンの開発が進めば、地震災害や土石流、火山噴火の際、人が立ち入れない現場での作業に大きな効果を発揮するだろうと指摘する。

「もし消防や警察でドローンを使うとなると、海外製とはいかないと思います。日本産ドローンの開発を進める作業が、一層必要になってくるのではないでしょうか」

加えて、日本には福島原発の廃炉という課題がある。自律制御システム研究所が開発した原発用調査機体は、すでに福島第一原発5号機内での自律飛行を成功させており、実用化に向け開発が進んでいる。

2020年に東京五輪の開催が決定したこともあり、外資系企業や外国人観光客、外国人労働力の誘致に力を注ぐ方針を明かしている安倍政権だが、原発問題がその障害のひとつとなっているのは否定し難い事実である。個人的な経験としては、欧米、アジア問わず、日本を訪れたいと望む海外の友人、知人と話をする際、最終的に話題になるのは決まってこの原発廃炉の行方だ。

2015年の世界報道自由度ランキングで、日本は過去最低の61位を記録した。ニュースサイト「THE PAGE」には、次のような関連記事が投稿されていた。その一部を抜粋したい。

「世界報道自由度ランキングのレポートでは、日本の順位が下がった理由を解説している。ひとつは東日本大震災によって発生した福島第一原発事故に対する報道の問題である。例えば、福島第一原発事故に関する電力会社や『原子力ムラ』によって形成されたメディア体制の閉鎖性と、記者クラブによるフリーランス記者や外国メディアの排除の構造などが指摘されている」

これは、報道規制に限った指摘であるものの、日本の国家としての対外イメージが、原発処理問題に足を引っ張られているというひとつの証拠になるだろう。

ここからは勝手な想像にすぎないが、日本産ドローン開発の促進は、原発問題で傷ついた日本の対外イメージを克服するのに役立つのではないだろうか。

そもそも、日本が優れた技術を持ったロボット大国であることは世界中の人々が知っている。その日本の英知を結集させて国産ドローンの開発を推し進めながら、官民一体でドローンが利用しやすい環境をつくっていく。そして、そこで得られた知識と経験を活かし、原発廃炉に向けた試みを加速させる。結果的に、未曾有の事故を自国で培ったドローンの技術で克服したとなれば、国際社会が日本に対して抱く評価やイメージは格段に高まるはずである。加えて、日本産ドローンの国際的評価も同様に高まり、グローバル市場でも競争力を獲得することができるのではないだろうか。

災害用ロボットへの期待、その先鞭としてのドローン

余談だが、発生から4年が経過した現在、福島の原発事故は世界各国の災害用ロボット

開発に大きな刺激を与えている。一例では、米・国防総省の防衛高等研究企画局（DARPA）が、世界一の災害用ロボットを選ぶ「DARPA Robotics Challenge（DRC）」というロボット大会を企画していることが挙げられるだろう。

DARPAは、主に軍隊使用のための新技術開発および研究を行うアメリカ国防総省の機関だ。インターネットの原型となったARPANETや、全地球測位システムであるGPSを開発したことで知られている。また、iPhoneシリーズの「4S」から搭載が始まった発話解析・認識インターフェース「Siri」も、DARPAが開発したものである。

DARPAはアメリカの国防面での技術的な優位性を確保するという目的を持つ、先端技術の結集地。そのDARPAが注目する開発分野のひとつが、災害用ロボットというわけだ。

DARPAが主催するDRCは、一説では福島第一原発事故が開催の契機になったという話がある。決勝が行われる会場には、福島第一原発の災害跡地が再現されるそうだ。予選を勝ち抜いたチームのロボットたちは、自動車の運転、障害物を回避しながらの歩行、梯子の上り下り、廃棄物の処理、ドアの開け閉め、ブロック塀の掘削および切断、放水、バルブ開閉など、合計9項目の性能を競う予定だ。

本大会は2012年10月から、エントリーおよび予選会が始まっており、今年6月には米・カリフォルニアで決勝戦が開催されることが決まっている。優勝賞金は約2億円（賞金合計約3億5000万円）。予選を勝ち上がった世界トップクラスの災害用ロボットが、栄誉と賞金を求め競い合うことになるのだが、日本からは、エアロ、HRP2-Tokyo（東京大学）、AIST-NEDO（国立研究開発法人産業技術総合研究所）など5チームが参加する。

「IT産業の次にはロボット産業の時代が来る」と言われて久しいが、21世紀に入り15年が経過した現在でも、さまざまなリスクや倫理的な問題が議論され続けている。「損傷や制御不能時の安全性」や「ロボット導入による人的労働力の排除」などがその一例となる。最近では、「AI（人工知能）の暴走」もまた懸念のひとつとして浮上している。

ただ災害用ロボットは、「人間ができないこと」や「人間がやりたくないこと」、また「人間のリスク軽減」など、ミッションが明確かつシンプルだ。住み分けがはっきりしているため、リスクやデメリットも非常に少ない。人間とロボットの未来を考える上で、現実的な選択肢になりうる。そして、そんな災害用ロボットの先鞭として注目を集めているのがドローンである。陸地では人間が救助活動や災害対応に臨むとしても、空からの作業はドローンを使用した方が圧倒的に効率がよいからだ。

野波教授は、ドローンがロボット産業に及ぼすであろう影響について次のように話す。

「車、コンピューターときて、次に何かと言われたらロボットだと言われていますよね。ただ、ロボットが人間にとってどう役立つかはあまり見えてこなかった。アシモなどもそうですが、たんなるアトラクションでしかないし、価格もいくらするんだろうという。また人間が着脱しなければならないロボットは安全性への懸念もある。例えば介護ロボット。パワースーツを切るのも勇気が要りますよ。電源入れて関節が逆に曲がったら、人体に直接的な被害が出る。そんな中、ようやく実用へ現実味が見え始めたのが飛行ロボット、すなわちドローンですよ。何よりも、人ができないことをやるというのが魅力的なんです」

原発廃炉、災害用ロボット、ロボット大国、そして日本の威信とグローバル市場での躍進。これらのキーワードを繋げ、満たす可能性がある先端技術がまさしくドローンなのである。日本の未来を考えたとき、日本産ドローン開発により一層注力するメリットは、とてつもなく大きいのではないか。

野波教授に聞くドローン技術の未来

話をもとに戻そう。

日本のドローン産業の未来像に続き、野波教授にふたつ目の質問をすることにした。それは「これから先、世界のドローンはどのような技術的進歩を遂げるのか」という問いだ。野波教授は、技術的な話に疎い私に対し、わかりやすい例えを駆使しながらひとつずつ丁寧に説明してくれた。

「さきほども少し申し上げましたが、性能や信頼という面で、ドローン技術は本当に生まれたばかりというのが私の認識です。車は発明されてすでに1世紀程度たちますよね。でも、初期はエンジントラブルが起きたらボンネット開いて冷やしたりしていた。今のドローン技術は、その時の状況に近いと考えてください」

野波教授はまた、ドローン技術の現在をパソコンの発展過程と比較しながら説明してくれた。それによると、パソコンは１９８０年頃に誕生するが、１９８０年代半ばのそれがドローン技術の現在地と比較できるそうだ。パソコンは、その後約30年で、小型化や高性能化の一途を辿り、現在ではスマートフォンやウェアラブル端末に組み込まれるまでに発展した。ドローン技術もまた、パソコンと同じように加速度的に発展する可能性が高いそうだ。そして、そのドローン技術の決定的な発展を促す最も重要な鍵は、何よりも「コンピューターの性能」だと野波教授は指摘する。

「やはりコンピューターの発展は不可欠。コンピューターが現在の100倍くらいの処理スピードにならなければ、ドローンを本格的に使うことはできません。ドローンの特徴は地上から150~250mを飛ぶ超低空飛行。加えて、電線や樹木を認識・回避しながら飛ぶことを想定しなければならない。この技術は『sense and avoid』と呼ばれています。50~100㎞/hで飛行しながらその技術が実現するためには、コンピューター性能が現在の100倍になる必要があるというわけです。アマゾンがドローンを使った宅配をやろうとしていますが、あれは7~8年先に実用化を想定しているはずです」

何かSFのような話ではあるが、ドローンの技術革新を語る野波教授の顔は大真面目だった。ドローンが高速移動を繰り返しながら、産業用のタスクを実行・完遂するまでに発展するという見通しは、非常に実現性が高いそうだ。数年後、空を見上げれば、数台の産業用ドローンが作業に従事している。研究者の観点からすると、そんな光景は決して夢物語ではないらしい。

「ドローンの機動性については、いくつかの発展段階があると思っています。現在はようやくその道半ば。私は『onboard route replan』と呼んでいるのですが、飛行中のドローンの経路を再設定するレベルまで来ている。今後の目標として『distributed control』、すなわち分散型の制御という意味になるのですが、全体として緩やかなコントロールがなされたいくつかのドローンが複合的に飛ぶという段階を経て、最終的に『fully autonomous swarms』、自律した生物の群れのような動きを実現したい」

この『fully autonomous swarms』は生物飛行と言い換えることができるという。例えば、ドローンに足がついていて、撮影の合間に枝に止まるようなレベルを想定しているそうだ。そうすることで、エネルギーを自動で節約することが可能で、撮影時間などタスク処理にかける時間も延長できるという。

「正直、まだ開発現場ではその最終段階は見えてはいません。それでも10年後くらいには実現したいですね」

昨今、近未来社会を象徴するテクノロジーとして巷の注目を集めるドローンだが、数十年にわたり技術開発のフロンティアを開拓し続けてきた研究者の頭の中には、さらに鮮明なイメージが浮かび上がっているのだろう。果たして、教授が語るドローン技術が現実のものとなるかどうか。その結果は、まだ少し時間を置いて見守る必要がありそうだが、夢を語るその表情には一点の曇りも見当たらなかった。

「我々の方では今、技能検定や人材育成にも力を入れています。当面の目標として、ドローンをひとつの産業にしたいという思いがある。現在、コンソーシアムを中心にともにドローン事業に関わる関係者たちも、新産業として確立しようということで一様に熱が高いです。もしドローンの実用化が進んでけば、人間とロボットが共生する最初のステップになるでしょう」

ドローンはどこに飛んでいくのか

現在、日本の新聞やインターネットサイト上で、ドローン関連のニュースを見かけない日はない。そこには、経済効果を期待するポジティブな報道もあれば、墜落や犯罪利用を懸念するネガティブな報道もある。そんな賛否両論が対峙する様相は、日本国内だけにとどまらない。新たな技術としてのドローンの登場は、世界中の至るところで議論の的になっている。その賛否両論はこれからしばらく続くはずだし、簡単に決着がつくこともないだろう。

ただひとつ間違いなく言えるのは、ドローンの到来はすでに、社会のあらゆる側面の変化を促しているという事実だ。軍事、インフラ、農業、災害現場、エンターテインメント、趣味などあらゆる局面で、ドローンの存在感が日増しに強まっている。また、ドローンの登場により、各国は安全性の確保とドローン産業の健全な発展というテーゼの狭間で、法整備に追われている。科学技術の進歩に後退がない以上、ドローンの存在感はさらに高まるはずだ。

またドローンは、ひとつの哲学的な問いを提起した。

それは、「人間とロボットの共生は可能か」という問いである。

性能が低いロボットは、用途が不明瞭だったり、安全性への懸念から実用が困難とされてきた。また高度な性能を持ったロボットでも、人間の仕事を奪ったり、人間の存在そのもの自体を否定しかねないという観点から倫理を問われ、実用化に反対する人々も少なくない。その点、ドローンには可能性が多く残されている。「人間ができないこと」「人間がやりたくないこと」を担い、「人間のリスク」を減らし、「人間の能力を補完」してくれるロボットとして活躍が期待されているのだ。

技術、法律、そして人間とロッボットの存在に関わる哲学的な問い。ドローンの前には数多くの困難が待ち受けている。車、パソコン、インターネットなど、すべての技術革新の産物がそうだったように、ドローンもまた実用化に向けた洗礼を受けていると言っていいだろう。

私自身は、ドローンが人間の社会をより豊かにしてくれるだろうと希望的観測を抱いている。何よりドローン産業に関わる人々は、希望と責任感に満ちあふれていた。そして、その関係者たちのエネルギーが、ブームに浮かれた一過性のものではないという点については、取材をした身として改めて強調しておきたい。

これから、ドローンはどこに飛んでいくのか。

願わくば、多くの人々が胸に秘めた希望的観測が、現実のものとなることを望んでやまない。

おわりに

ごくごく個人的で、貴重な紙面を使うのも憚れるような話だが、私の高校生の頃の夢はロボットを作る仕事に就くことだった。理系や美術系科目が人一倍苦手なくせに、漫画や小説、映画に出てくるロボットの存在に憧れていて、進路相談の際に担当の先生におそるおそる打ち明けてみたこともある。その時先生は仏のような表情で頬笑み、私の肩を優しく叩きながら、将来についてこう諭してくれた。

「人には向き、不向きがある」

今回、ドローン開発に携わる方々の熱意に触れ、先生の言葉を改めて思い出した。ロボット開発の道は、実力や忍耐力、そして何よりヴィジョンが必要な仕事だと思いしらされた。忍耐力もなく、明日の予定もままならない私には、きっと不向きな仕事だったに違いない。ただ、あれから約15年が経過した今、ロボット新時代の主役であるドローンについて、本を書くという形で関わることができ、とてもありがたく不思議な気持ちだ。

人間とロボットが共生する社会がやってくる——。

あまり記憶は定かではないが、1983年生まれの私が高校生だった頃、すなわち19

90年代後半には、そのような言葉がまことしやかに囁かれはじめられていたような気がする。もちろん私が知らないだけで、それ以前から世界中や、歴史のいたるところで語られてきたのだろう。気になったので少し調べてみたところ、自動機械や自動人形を作りだしたいという人間の欲望は、紀元前からすでに存在していたらしい。その事実にはとても驚いた。

紀元前1世紀頃にはギリシャの発明家ヘロンが自動機械を考案し、紀元前8世紀に書かれたとされるホメロスの叙事詩「イーリアス」には、最古のロボット「黄金の美女」が登場するそうだ。

その後、数千年もの間語られてきた人間とロボットというテーマが、本格的に動き出そうとしている。その新しい歴史の幕開けを主導するもののひとつが、本書の主人公・ドローンであることはまず間違いない。今後、ドローンの普及を皮きりに、他のロボットも市民権を得て行くのではないか。それも、SF映画の世界ではなく、私たちが住むこの世界においてだ。

2015年5月28日、DeNAはロボット開発ベンチャー企業であるZMPと合同で、新会社・ロボットタクシーを設立した。この新会社は、2020年の東京五輪の開催までに、ドライバーが運転しない完全自動走行を目指すとしている。

DeNAが参入を発表した自動走行という分野は、ドローンなどの自動飛行、また遠隔医療と並び、世界が注目するロボット産業分野の一角である。法整備の問題や、安全とリスクに関する議論が、ドローン以上に複雑になりそうなのは明白だが、ワクワクするような話だ。今後、その他のロボット技術も商業化に向けどんどん動き出すはず。いちロボットファンとしては、ドローンの登場が世論の理解を得て、次世代のロボットを語る上で画期的な試金石になることを望む。

本書を締めくくるにあたり、取材に協力いただいたドローン関連企業、専門家の皆さま、そして書籍刊行の機会をくださった扶桑社および新書編集部の皆さまの格別なご厚意に謝意を表したい。また、『週刊ＳＰＡ！』の特集企画から始まり、本書執筆までお世話になった担当編集者・江建氏には、改めて御礼を申し上げたい。最後に、取材、執筆を行うにあたり苦楽をともにした慎武宏氏、李策氏、呉承鎬氏に感謝の意を送りながら、文末の挨拶を締めさせていただく。ありがとうございました。

●参考文献

『内閣府地方創生室　近未来技術実証特区検討会　議事要旨』
『最新R／Cホビー完全読本』（枻出版社）
『Newton』（2015年3月号／ニュートンプレス）
『ドローン（飛行ロボット）の最新動向と展望』（野波健蔵／自律制御システム研究所）

●以下のウェブ記事をはじめ、国内外のニュースサイト、研究機関、観光庁のウェブサイトを参考にしました

「ドローン・ブームの米国で、ベンチャー企業が考える成長分野とは」（日経BPネット）
「ドローン製造の中国DJI、7500万ドル調達 米アクセルから」（ウォールストリートジャーナル）
「世界に出没中国製ドローン『ファントム』とは。開発ベンチャー、低価格で急成長」（日本経済新聞）
「世界を舞う中華ドローン　ゆりかごはスマホ工場」／日本経済新聞
「Parrotの消費者向けドローンは売上額が1年で6倍増…製品企画の勝利」（テッククランチ）
「한국 드론산업 발전 위한 제언 〝싱가포르와 미국의 장점 벤치마킹을…」（ザ・アジアN）
「Secom's New Security Drone Trails, Records Intruders」（securitysales.com）

●取材・執筆協力

慎武宏　李策　呉承鎬

●取材協力企業

自律制御システム研究所　セコム株式会社
ヤマハ発動機株式会社　株式会社セキド

●写真提供

時事通信

河 鐘基（はじょんぎ）

1983年、北海道生まれ。編集プロダクション「ピッチコミュニーションズ」所属。『週刊SPA!』や『週刊ポスト』などを中心に執筆活動を続ける傍ら、韓国の時事問題、インターネット事情、政治経済など幅広い分野の書籍で、執筆、翻訳に従事。所属プロダクションでウェブサイト『ピッチログ』の運営にも携わる。著書に『ヤバいLINE　日本人が知らない不都合な真実』(光文社新書)。訳書に『ロッテ　際限なき成長の秘密』（実業之日本社)、『韓国人の癇癪 日本人の微笑み』（小学館）など

扶桑社新書　187

ドローンの衝撃

発行日　2015年7月1日 初版第一刷発行

著　者………河　鐘基
発行者………久保田榮一
発行所………株式会社　扶桑社
〒105-8070
東京都港区芝浦1-1-1 浜松町ビルディング
電話　03-6368-8875(編集)
03-6368-8858(販売)
03-6368-8859(読者係)
http://www.fusosha.co.jp/

DTP制作………株式会社 ユニオンワークス
印刷・製本………株式会社 廣済堂

Printed in Japan ISBN978-4-594-07297-1